安全健康买菜经

李宁　主编

中国医药科技出版社

内容提要

本书是一本有效、简单、可靠、实用、接地气的安全买菜指南，以最简练的挑选方法、储存方法、注意事项为主要内容，迅速帮你在各种蔬菜、水果、主食、调味料、奶蛋制品当中挑出高品质的安全食品，安全食材买回家，放心健康吃“好饭”。

图书在版编目（CIP）数据

安全健康买菜经 / 李宁主编 .— 北京：中国医药科技出版社，2017.2

ISBN 978-7-5067-8981-3

Ⅰ.①安… Ⅱ.①李… Ⅲ.①菜谱 Ⅳ.① TS972.12

中国版本图书馆 CIP 数据核字（2017）第 005978 号

图片摄影 耿 彪 许明双

美术编辑 陈君杞

版式设计 锋尚设计

出版 中国医药科技出版社

地址 北京市海淀区文慧园北路甲 22 号

邮编 100082

电话 发行：010-62227427 邮购：010-62236938

网址 www.cmstp.com

规格 710 × 1000mm

印张 17³/₄

字数 206 千字

版次 2017 年 2 月第 1 版

印次 2017 年 2 月第 1 次印刷

印刷 三河市百盛印刷有限公司

经销 全国各地新华书店

书号 ISBN 978-7-5067-8981-3

定价 39.80 元

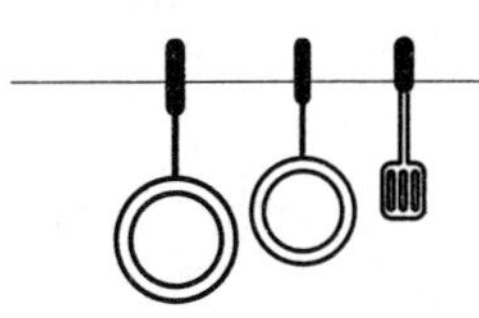

前言 | PREFACE

买菜，可以说是日常生活中最普遍、最平常的事情之一。或许有人会说：不就是买菜嘛，很简单的，有必要大张旗鼓的写本书吗？如果你是这样想的，那你就错了。千万不要小看买菜这件小事。

新鲜优质的蔬菜不仅口感好，营养丰富，而且可以延缓衰老，提高生活品质，使人保持年轻态。不新鲜、劣质的蔬菜不仅口感差，人体所需的很多营养素流失了，而且还有可能是农药超标、受过污染、不能食用的，虽然吃一次、两次没什么危害，但长期如此必然会降低食欲，加速衰老，影响人体健康。同样的，水果、主食、调味料、奶蛋制品等也是如此。

其实，如果把买菜融入到生活当中，就会发现买菜是件特别有意思的事情。因为买菜是品尝美味的开始。试想一下，用自己的手精心挑选出优质的蔬菜，然后对它们进行加工、烹调，使其变成美味的菜肴，有着香喷喷的味道，多么美妙。因此，想要让餐桌变得营养、健康又美味，学会买菜是最重要、最基础的一步。

本书本着帮助每位读者快速挑选优质、安全食材的目的，总结出最简单、最有效的安全买菜方法，详细为大家介绍了各种蔬菜、水果、主食、肉类、蛋奶豆制品、调味料的挑选方法和储存方法，并送

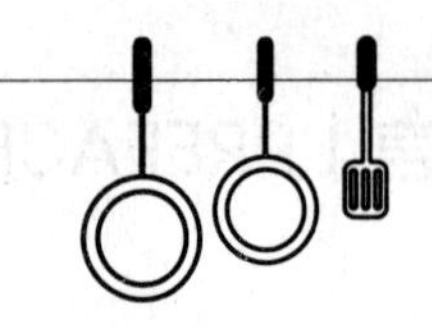

上食材处理方法、烹饪小窍门、适用人群和营养搭配等贴心小叮咛。“毒豆芽”“蒜薹蘸料”“打针西瓜”等危言耸听的新闻让我们在买菜时变得怕这怕那，针对大家关心的食品安全问题和相关谣言，书中给出了权威科学的分析，当这些谣言再次出现时，我们便可以更加理性的对待。

无论是厨房老手还是厨房新手，从现在开始，从本书开始，学着买菜，如同“鉴宝”一般，一步一步养护自己及家人健康体质的同时，提高自己的生活品质，让自己不仅年轻健康有活力，而且知识丰富有乐趣。我相信，在翻阅这本书之后，大家也会爱上买菜这件事。

编 者

2017年1月

目　录 | CONTENTS

土豆：发了芽的坚决不能买 / 2
芹菜：菜梗短而粗，菜叶翠而少的最新鲜 / 5
黄瓜：表皮带刺，刺小且密的更可口 / 7
蒜薹：易掐断又浸液多者为嫩 / 9
洋葱：黄皮柔嫩细致味甜，紫皮肉质微红辛辣 / 12
紫甘蓝：分量重、颜色鲜亮的才新鲜 / 14
四季豆：煮熟煮透后方可食用 / 16
豇豆：颜色深绿，鼓豆小的豇豆比较新鲜 / 18
扁豆：嫩扁豆荚和干种子各有千秋 / 20
卷心菜：菜球沉实的比较新鲜 / 22
生菜：白叶包心生菜更适合生吃 / 24
娃娃菜：是娃娃菜不是大白菜心 / 26
辣椒：尖头的辣圆形的甜 / 28
西葫芦：外表光滑、颜色浅绿的最好 / 31
豌豆苗：叶色青绿色的更新鲜 / 33
西红柿：注意区别天然熟西红柿和催熟西红柿 / 34
芥蓝：营养丰富，但不宜大量或长期食用 / 37
芦笋：即采即食味道最佳 / 39
茼蒿：通体深绿、粗细适中为最佳 / 41
茄子：乌黑光亮的茄子品质佳 / 43
青椒：颜色嫩绿，口感香脆的更甘甜 / 46
南瓜：高纤维富含胡萝卜素的减肥蔬菜 / 48
冬瓜：敲起来砰砰响的是好瓜 / 51
白菜：晶莹如玉的白菜甘甜爽口 / 53
韭菜：特殊辛辣香味的益阳菜 / 56

目　录 | CONTENTS

豆芽：中国食品的四大发明之一 / 58
莲藕：外形饱满，颜色发黄是佳品 / 61
黑木耳：老百姓餐桌上的“素中之荤” / 63
银耳：养生的好选择 / 65
海带：黏黏滑滑营养更全面 / 67
平菇：菇形整齐，八分成熟的口味好 / 69
香菇：干香菇与鲜香菇各不相同 / 71
茶树菇：菌褶均匀，外表茶色的为最好 / 73
口蘑：白色最受欢迎 / 75
鸡腿菇：菌褶稠密，颜色呈白至浅褐色为佳 / 77
杏鲍菇：12~15厘米高的最好 / 78
金针菇：菌顶长开了的不能要 / 80
红薯：好吃也要悠着吃 / 82
山药：非常好的中药材 / 84
苦瓜：越苦越健康 / 86
丝瓜：嫩绿细长有光泽是首选 / 88

西瓜：轻敲瓜皮，声音清脆则瓜好 / 92
橙子：果脐越小，口感越好 / 95
苹果：苹果身上有条纹或麻点越多的越好 / 97
榴莲：捏相邻尖刺，轻松能靠近的成熟度高 / 100
石榴：果嘴合拢，皮色粗糙的为甜石榴 / 103

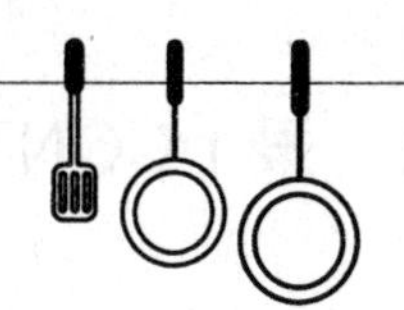

猕猴桃：像小鸡嘴巴的为好 / 105

蜜柚：上小下大底部偏扁平的皮薄而味甜 / 107

橘子：表皮上油胞点细密的酸甜可口 / 109

火龙果：越重越胖的，则越多汁越成熟 / 111

桃子：果肉紧实，表皮粗糙些的更甜 / 113

葡萄：果粒饱满且颜色鲜艳的酸甜可口 / 115

青枣：防止青枣变“红枣” / 117

草莓：体型、口味不断多样化的水果 / 119

山竹：蒂瓣越多越实惠 / 121

荔枝：果皮发紧且有弹性的荔枝质量好 / 123

芒果：颜色金黄，果皮光滑的更香甜 / 125

梨：清喉降火的良药 / 127

樱桃：晶莹剔透，个大沉重的实惠 / 129

香蕉：好的香蕉手感厚实且不硬 / 131

杨梅：以颗粒饱满，色泽稍黑为佳 / 133

木瓜：深受女性喜爱的百益之果 / 135

甘蔗：仔细观察是否霉变 / 137

山楂：轻松挑选酸甜可口山楂 / 140

菠萝：果目浅小，肉厚芯细的为优质菠萝 / 142

柿子：最好不要空腹吃柿子 / 144

龙眼：手感饱满，土黄色的龙眼营养较齐全 / 146

柠檬：色泽金黄，较重的柠檬水分足 / 148

甜瓜：味道很香的瓜是熟瓜 / 150

桑葚：紫黑色的桑葚是完全成熟的 / 152

目　录 | CONTENTS

大米：表面呈灰粉状或有白道沟纹的是陈米 / 156
绿豆：鲜绿色的是最新鲜的 / 158
黑豆：假黑豆遇醋不变色 / 160
蚕豆：皮薄肉嫩，青绿色的最新鲜 / 162
豌豆：根据时节挑豌豆 / 164
红小豆：细长稍扁的是红小豆 / 166
芸豆：颗粒饱满、鲜艳有光泽的是好豆 / 168
面粉：不是越白的越好 / 170
黑米：黑米不是里外都黑的 / 173
小米：放于软白纸上湿润揉搓，
看颜色决定好坏 / 175
薏米：乳白色且味道清新的最好 / 177
玉米：颗粒整齐，捏起来软软的是嫩玉米 / 179
紫米：注意紫米与黑米的区别 / 181

猪肉：注意识别各种不健康猪肉 / 184
鸡肉：白里透红，手感光滑的较新鲜 / 187
羊肉：绵羊肉膻气小于山羊肉 / 190
牛肉：肉色浅红，肉质坚细的是嫩肉 / 193
鸭肉：家禽的“屁股”绝对不能吃 / 195
鱼：活的鱼最新鲜 / 197
虾：皮壳间紧实且身体弯曲的是好虾 / 200
螃蟹：腹部介于灰白之间的是老蟹 / 202

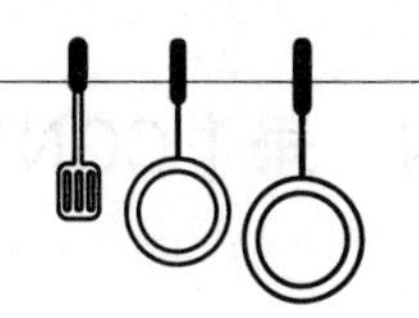

贝类：个头大的肉更厚 / 204
鱿鱼：身体越紧实的越新鲜 / 206
海蜇皮：松脆有韧性，咀嚼会发声的为好 / 207
海参：优质海参色黑灰 / 208
虾米：体形弯曲的是好虾米 / 209

鸡蛋：望闻触听挑新鲜 / 212
鸭蛋：要挑“年轻”鸭子下的青皮蛋 / 215
鹌鹑蛋：新鲜程度与蛋壳上的花纹无关 / 218
皮蛋：好的皮蛋掂起来有颤动感 / 220
牛奶：优质牛奶微甜，无分层无沉淀 / 222
豆腐：微黄有光泽，味香有弹性的品质好 / 225
豆腐皮：好的豆腐皮有韧性，不黏手 / 227
豆腐干：补充钙质的好选择 / 229
腐竹：枝条完整且有弹性的腐竹质量好 / 231

食盐：暴露在空气中易结晶 / 234
糖：无杂质，不结块的是好糖 / 236
味精：提鲜调料酌情用 / 240
醋：酿制的食醋久置会有少许沉淀 / 242
葱：葱白长，葱叶青的更实惠 / 244
生姜：注意鉴别硫黄姜 / 246

目　录 | CONTENTS

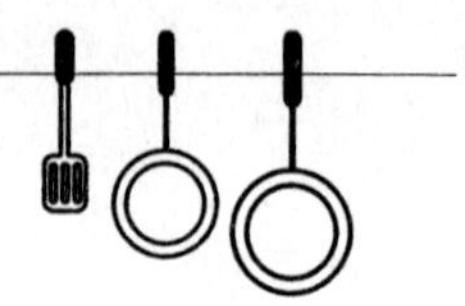

大蒜：瓣粒饱满，不发芽的质量好 / 248

干辣椒：有刺鼻干香气味的是好辣椒 / 250

花椒：太光滑太红的不太好 / 252

八角：八瓣荚角的大料为佳 / 254

桂皮：香味浓郁，无虫霉白斑的质量好 / 256

芝麻酱：纯芝麻酱越搅拌越干 / 258

蚝油：稠度适中，无分层沉淀现象的是优质蚝油 / 260

酱油：酱油最好不要生吃 / 262

腐乳：块型整齐，咸淡适中的质量好 / 264

豆豉：乌黑发亮，无异味的较好 / 266

豆瓣酱：色泽红亮，豆瓣完整的是好酱 / 268

料酒：注意料酒中酒精的含量 / 270

1 安全买蔬菜篇

土豆

发了芽的坚决不能买

土豆又叫马铃薯，是我们日常餐桌上常见的一种食物。它不仅含有大量的碳水化合物，还含有蛋白质、氨基酸、矿物质、维生素等多种营养元素，能够作为蔬菜食用，也可以作为主食食用，还可以制成薯条、薯片等作为零食食用。具有健脾胃、通肠道、排毒和调整体质等功效，代替主食食用还能帮助控制体重，是非常不错的餐桌常用菜。

新鲜安全这样挑

1 **好与坏。**土豆要尽量挑选个头适中而均匀，表皮平整且干燥，没有破皮、损伤、虫蛀孔洞，没有萎蔫变软以及腐烂气味的。因为这样的土豆不仅成熟、新鲜，而且没有经过泡水，保存时间长、口感好。

表皮有黑色淤青部分的、肉色变成深灰色或呈黑斑的、水分收缩的为冻伤或腐烂的土豆，不宜食用。

未成熟、表皮青紫、发芽的土豆坚决不能买，因为此类土豆中含有马铃薯毒素，大量食用容易导致中毒。

2 **面与脆。**有的土豆相貌歪瓜裂枣，身上还裹了一层看不到表皮的泥灰，但仔细观察可发现表皮颜色发深而且起皮，麻点比较多，这种土豆通常比较面，适合蒸或煮着吃。相反，另一种土豆外表圆溜溜，外皮颜色较浅、薄，而且比较紧实、光滑，麻点很少，这种土豆口感就比较脆，适合凉拌或炒着吃。一般情况而言，市面上流通最广的土豆是内蒙古和张家口的，前者多为脆的，后者多为面的。

科学储存这样做

买回来的土豆若不能及时吃，宜放在干燥、通风、温度为12℃~15℃的地方保存。切记不要放在有暖气的地方，不然很快就会生芽。最好用黑色或不透明的袋子包装起来，不让它见光。

为了防止土豆发芽，存放的时候还可以向袋中放入几个苹果。因为成熟的苹果会释放出一种叫作乙烯的物质，这种物质可抑制土豆芽眼处的细胞产生生长素，生长素积累不到足够的浓度，土豆自然不会发芽了。

1. 吃土豆一定要去皮，因为皮中含有生物碱，多吃容易导致中毒，引起恶心、腹痛等症状。
2. 土豆去皮后如果不马上烧煮，宜浸入凉水中，这样可以保证土豆不会与空气接触氧化而变色。但是要注意浸泡时间不宜过长，避免营养成分流失。
3. 炖土豆时，宜用文火，这样才能均匀熟烂；若用急火，会导致土豆外层熟烂开裂，但里面却是生的。
4. 土豆宜与牛肉搭配食用，可以保护胃黏膜；宜与豆角搭配食用，营养多样并有助于消化；宜与醋搭配食用，使味道更加鲜美。
5. 土豆营养价值丰富，适合脾胃气虚、癌症、高血压、动脉硬化等患者食用，消化不良者应尽量少吃。

安全不安全

食用发芽土豆中毒

土豆中含有的龙葵素对消化道黏膜具有刺激性，摄入较多时可引起溶血，并对运动中枢及呼吸中枢有麻痹作用，会让人感到口舌发麻、恶心、腹泻、神志不清等，严重时可致死。每100克马铃薯含龙葵素仅10～15毫克；未成熟、青紫皮的马铃薯或发芽马铃薯含龙葵素增至30～60毫克，甚至高达430毫克。所以大量食用未成熟或发芽马铃薯可引起急性中毒。

芹菜

菜梗短而粗，
菜叶翠而少的最新鲜

芹菜是我们的餐桌常见菜，无论什么季节，我们总是能够吃到它。芹菜富含蛋白质、碳水化合物、胡萝卜素、B族维生素、钙、磷、铁、钠等，中医学中认为芹菜具有平肝清热、祛风利湿、除烦消肿、凉血止血、解毒宣肺、健胃利血、清肠利便、润肺止咳、降低血压、健脑镇静的功效。常吃芹菜，尤其是吃芹菜叶，对预防高血压、动脉硬化等都十分有益。

新鲜安全这样挑

1 **看芹菜的根部颜色**。新鲜芹菜的根部多以翠绿色为主，颜色很饱满。在挑选的时候，根部要以干净、颜色翠绿、无斑点为主要挑选准则。如果芹菜的根部出现少量的黄色，表明芹菜的存储时间稍久。

2 **看芹菜叶**。正常的芹菜叶子应与芹菜茎部一样的翠绿。如果叶子发黄或者打蔫、不平整，说明这样的芹菜也是存放稍久的。

3 **看芹菜的粗细。**芹菜的茎有粗有细，大多数人购买芹菜都是吃它的茎，所以挑选茎比较均匀，肉质较厚的为好。

4 **看芹菜的叶柄。**叶柄以肥厚、清脆为主。一颗芹菜要有4个左右的叶柄，叶柄较直而且整齐的芹菜味道比较鲜美。

5 **闻芹菜的味道。**好的芹菜会有很浓的芹菜味，离得很远就能闻见。因此挑选的时候可以将芹菜放在鼻子下面轻轻闻一下，看是否有芹菜特有的清香。如果味道很淡的话，不建议购买。

科学储存这样做

将新鲜、整齐的芹菜捆好，用保鲜袋或保鲜膜将茎叶部分包严，然后将芹菜根部朝下竖直放入清水盆中，一周内不黄不蔫。

1 大多数人在做芹菜的时候，会把叶子扔掉，其实叶子的营养是很丰富的，芹菜叶制成的小菜、咸菜、芹菜叶饼等都是比较美味而且营养丰富的食物。

2 芹菜属于“天生咸”的蔬菜，含钠高，100克芹菜杆含钠约160毫克，相当于0.4克食盐。吃高钠蔬菜时，应注意少放盐，特别是患有高血压需要限盐的人群更应该多加注意。

黄瓜

表皮带刺，
刺小且密的更可口

黄瓜，最为人们喜爱的舶来蔬菜之一，是西汉时期张骞出使西域带回中原的，时称胡瓜，后改为“黄瓜”。黄瓜不仅可以生食，还能拌着吃、炒着吃，中医学中认为，黄瓜具有除热、利水利尿、清热解毒的功效，主治烦渴、咽喉肿痛、火眼、火烫伤。此外黄瓜能量极低，控制体重者可多吃黄瓜。但是我们平时买回的黄瓜有的却并不可口，如何才能挑选到味美的黄瓜呢？

新鲜安全这样挑

1 **看表皮的刺**。鲜黄瓜表皮带刺，如果无刺则说明黄瓜老了。此外，轻轻一摸刺就会掉的更好。刺小而密的黄瓜较好吃，刺大且稀疏的黄瓜没有黄瓜味。

2 **看体型**。看上去细长均匀且把短的黄瓜口感较好，大肚子的黄瓜一般熟得老了。

3 **看表皮竖纹**。好吃的黄瓜一般表皮的竖纹比较突出，可以看得出，也可以用手摸一下。表面平滑，没有什么竖纹的黄瓜不好吃。

4 **看颜色**。颜色发绿、发黑的黄瓜比较好吃，浅绿色的黄瓜不好吃。

5 **看个头**。个头太大的黄瓜并不好吃，相对来说个头小的黄瓜比较好吃。

科学储存这样做

黄瓜在夏季最不易保存，这是因为黄瓜水分大，呼吸旺盛且散发大量的热量，再加上夏季气温高、湿度大等条件，会使散落在黄瓜上的微生物毛霉菌繁殖起来，导致黄瓜长出白毛。

因此夏季保存黄瓜不要乱堆乱放，最好放在篮子里，置于背阴凉爽的地方，通风散热，降低菜温，以控制微生物的活动。

买黄瓜时也要买新鲜硬挺的，发蔫变软的不好保存。

1 黄瓜顶花是因为“涂有避孕药”的说法没有科学依据。避孕药属于动物激素，对植物发育没有任何作用。延长黄瓜花期，用植物生长调节剂进行点花，是为了使黄瓜不得病，不会烂掉，有利于正常生长。在黄瓜生长过程中，调节剂会逐渐挥发干净。而且植物激素只对植物起作用，对动物和人不产生作用。

2 黄瓜放久后一端会变粗，膨大处外皮颜色变黄，剖开可见籽变大，这是植物想让种子成熟的天性所致，属于正常现象。

蒜薹

易掐断又浸液多者为嫩

蒜薹，又称蒜亳，是从抽薹大蒜中抽出的花茎，是很好的功能保健蔬菜。具有多种营养功效，所含辣素对病原菌和寄生虫都有良好的杀灭作用，可以预防流感，防止伤口感染和驱虫；所含的大蒜素、大蒜新素可以抑制金黄色葡萄球菌、链球菌、痢疾杆菌、大肠埃希菌、霍乱弧菌等细菌的生长繁殖；蒜薹外皮所含的纤维素，可刺激大肠排便，调治便秘；所含丰富的维生素C具有明显的降血脂及预防冠心病和动脉硬化的作用，并可防止血栓的形成。蒜薹还能保护肝脏，诱导肝细胞脱毒酶的活性，阻断致癌物质亚硝胺的合成，从而预防癌症的发生。

新鲜安全这样挑

1 **看外表**。挑选外表没有伤，看起来整齐、圆润、饱满的，如果蒜薹打蔫了就不新鲜了。

2 **看颜色**。选购蒜薹时，应挑选条长翠嫩，枝条浓绿，茎部白嫩的。如尾部发黄，顶端开花，纤维粗老的则不宜购买。

3　**掐根部**。挑选蒜薹时可以用拇指和食指掐一下蒜薹的根部，如果很容易掐断，且津液比较多，说明蒜薹是很新鲜的。

4　**看粗细**。过细的蒜薹吃起来没有什么味道，而太粗的又不好嚼。挑选中等粗细的就可以了。

科学储存这样做

用保鲜袋密封冷藏保存，可抑制蒜薹的新陈代谢，减缓变老。

1　蒜薹宜与生菜同食，可以杀菌消炎、降压降脂、益智补脑、防止牙龈出血、清理内热以及补充维生素C。

2　蒜薹宜与木耳同食，蒜薹对于脾胃虚弱、泄泻不止、毒疮水肿等病证有辅助治疗作用；木耳则益气养阴、凉血止血、降脂减肥。两者同食，其效大增。

3　蒜薹主要用于炒食，或作配料，不宜烹制得过烂，以免辣素被破坏，杀菌作用降低。

4　蒜薹富含可溶性及不溶性膳食纤维，蒜薹越老，不溶性膳食纤维的含量越高。不溶性膳食纤维可以促进肠道蠕动，有通便的作用，但也容易导致胀气，消化能力不佳的人最好少食蒜薹。

安全不安全

“蒜薹蘸料”保鲜

一段关于“蒜薹蘸料”的视频在网上掀起了一阵热议。视频中两名中年妇女正在将收获的蒜薹放到一锅黏稠的乳白色液体中，蘸过之后再堆放起来。网上传言是用了甲醛，这引起了大众的恐慌。甲醛，也就是福尔马林，它的溶液应该是澄清的，而视频中的液体却是乳白色的。甲醛确实具有防腐的功能，可以让蛋白质发生变性，因此一般针对蛋白质含量高的东西使用，如动物标本。蒜薹从收购到出库有8～10个月的时间，视频中只是在进行蒜薹的保鲜工序。因为蒜薹在贮存过程中会遇到灰霉菌等真菌的感染，导致腐败，所以需要施用防霉保鲜剂，视频中液体呈黏稠状、乳白色，应该是加入了乳化剂，有助于杀菌剂溶解。经过保鲜处理的蒜薹不仅不会有毒，反而避免了霉变，更加安全。

洋葱

黄皮柔嫩细致味甜，
紫皮肉质微红辛辣

洋葱又名圆葱，富含多种营养。所含的硫化丙烯是一种油脂性挥发物，可以发散风寒；所含的前列腺素A可以扩张血管，降低血压；所含的栎皮黄素9是天然抗癌物质之一，能控制癌细胞的生长；所含的微量元素硒能清除体内自由基，具有抗氧化的功效，可以延缓衰老等。尽管洋葱辛辣，但是因为它烹调后的美味和如此多的营养，还是被赋予了“菜中皇后”的美誉，一直是餐桌上的热门菜。

新鲜安全这样挑

1 **看颜色**。洋葱就其皮色而言，可以分为白皮、黄皮和紫皮三类。白皮洋葱肉质柔嫩，水分和甜度皆高，长时间烹煮后有黄金般的色泽及丰富甜味，比较适合鲜食、烘烤或炖煮，产量较低。黄皮洋葱多为出口，肉质微黄，柔嫩细致，味甜，辣味居中，适合生吃或者蘸酱，耐贮藏，常作脱水蔬菜。紫皮洋葱肉质微红，辛辣味强，适合炒、烧或生食，耐贮藏性差。

2 **看外表**。总体来说，挑选洋葱以葱头肥大、外皮光泽、无损伤和泥土、经贮藏后不松软、不抽薹、鳞片紧密、含水量少、辛辣和甜味浓的为好。

3 **分营养**。就营养价值来说，紫皮洋葱的营养更好一些。主要是紫皮洋葱的辣味较大，意味着其含有更多的蒜素。此外，紫皮洋葱的紫皮部分含有更多的栎皮素，这也是对人体非常有用的保健成分。因此，紫皮洋葱食疗效果比白皮洋葱要好一些。

科学储存这样做

买回来的洋葱可以放入网袋中，然后悬挂在阴凉通风处保存即可。

1. 洋葱辛辣，切的时候容易让人流泪是出了名的，切洋葱的时候将刀放在冷水中浸一会儿，再切洋葱就不会刺眼睛了。
2. 炒洋葱的时候，洋葱很容易发软，口感不佳，如果在切好的洋葱中拌入少量的面粉，就可以避免这种情况，而且成菜色泽金黄，质地脆嫩，不仅好看还好吃。
3. 烹调洋葱时可用大火热油，若此时能再加入少许白葡萄酒，不仅能够防止洋葱焦煳，还能使其味道更加鲜美。
4. 洋葱易熟，烹调时间不宜过长。
5. 洋葱宜与鸡蛋搭配，可以提高人体对维生素C和维生素E的吸收率；宜与大蒜搭配，可以起到抗菌消炎、防癌抗癌的功效；宜与苦瓜搭配，可以提高机体的免疫力。
6. 洋葱所含的营养物质可以起到杀菌消炎、促进消化、预防骨质疏松、控制血压血脂、防癌抗癌、延缓衰老等作用，因此洋葱特别适合高血压、高血脂、高血糖等患者食用。但是由于洋葱辛辣刺激，所以有皮肤瘙痒、胃病的患者应少吃。

紫甘蓝

分量重、颜色鲜亮的才新鲜

紫甘蓝营养丰富，而且结球紧实，色泽艳丽，抗寒、耐热，产量高，耐贮运，是很受欢迎的一种蔬菜。紫甘蓝既可生食，也可炒食。但为了保持营养，以生食为好。

新鲜安全这样挑

1 **掂分量**。同一品种中，选择菜球紧实、用手掂着沉实的为好，沉实的紫甘蓝水分足、结构紧凑。若挑选时重量差不多，则体积小的为佳。

2 **看颜色**。光泽度越高说明菜越新鲜。

3 **看外形**。紫甘蓝以平头型和圆头型为好，这两种菜球大，紧实肥嫩，出菜率高，吃起来味道好，而尖头型的就要差一些。

科学储存这样做

买回来的紫甘蓝如果不打算马上食用，可以挖掉紫甘蓝的根部，将一块用水浸至微湿的厨房纸巾放在挖去的空洞中，然后用食品保鲜膜包裹起来，送入冰箱冷藏，等纸巾变干时再更换湿纸巾。这样就可以将甘蓝保存较长的时间了。

1. 紫甘蓝经过高温炒、煮后会掉色，并流失少部分营养，这属于正常现象。若想保持紫甘蓝原本艳丽的紫红色，可在加热前加少许白醋。
2. 虽然紫甘蓝可以煮、炒、腌渍或做泡菜等，但最好的食用方法仍是凉拌，不仅口感清爽，营养也不会流失。

四季豆

煮熟煮透后方可食用

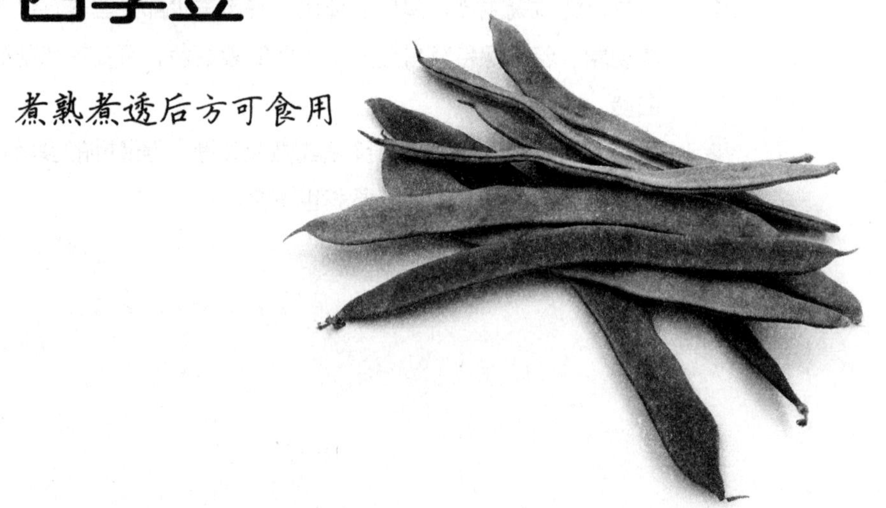

四季豆以嫩荚和干种子供食用，嫩荚质地脆嫩，肉厚鲜美可口，清香淡雅，是菜中佳品，可单作鲜菜炒食，也可和猪肉、鸡肉煮食，尤其美味，还可腌制酱菜或泡菜食之。老四季豆入药对呃逆治疗有一定效果，深受大众喜爱。那么，如何挑选优质四季豆，补充更佳的营养呢？

新鲜安全这样挑

1 **选嫩荚**。选购嫩荚时，以荚绿色、表皮光滑无毛、大而宽厚的为品质好的。不要选购荚皮变为浅黄褐色，坚硬不堪食用的四季豆。

2 **选干种子**。选购干种子时注意，优质干种子无虫蛀，表皮光滑、饱满，粉红色或淡紫红色，扁椭圆形，脐黑褐色。新鲜的干种子容易煮酥，且沙而糯。

四季豆的最佳储存温度是0℃，可冰箱冷藏。

1. 四季豆一定要煮熟煮透后才能食用，否则存在中毒的危险。中毒主要表现为恶心、呕吐、腹泻、腹痛、头晕、头痛等。
2. 一般人群均可食用，尤其适于患有肾虚腰痛、气滞呃逆、风温腰痛、小儿疝气等症的患者食用。

豇豆

颜色深绿，
鼓豆小的豇豆比较新鲜

豇豆性平、味甘咸，归脾、胃经。具有理中益气、健胃补肾、和五脏、调颜养身、生精髓、止消渴、解毒的功效。干豆角含有的大量植物纤维还有润肠通便的效果。此外，豇豆的烹饪非常简单，是家庭餐桌常见菜之一，颇受欢迎。

新鲜安全这样挑

1 **看颜色**。深绿色的豇豆较新鲜脆嫩，以粗细匀称、色泽鲜艳、透明有光泽、籽粒饱满、没有病虫害为佳。

2 **听声音**。嫩的豇豆很容易掰断，而且掰断时的声音比较清脆；老的豇豆不易掰断，而且掰断时的声音比较闷。

3 **看豆子**。鼓豆越大说明豇豆越老，鼓豆越小说明豇豆越嫩。老豇豆的内部很干燥，没有水分，嫩的豇豆水分很充足。

4 **用手摸**。用手触摸豇豆，豆荚较实且有弹力的比较鲜嫩；若豆荚有空洞感，说明是老豇豆。

5 **白豇豆与绿豇豆**。白豇豆短促、弯曲，看上去比较老，适合做馅料，好入味且口感细软，宜熟；绿豇豆看上去比较嫩，细长且比较直，适合炒菜，口感较脆。

科学储存这样做

把买来的鲜豇豆放入塑料袋或保鲜袋中，扎紧袋口，放进冰箱的冷藏室即可。这种方法可以保存5～7天。如果希望鲜豇豆能保存更长时间，采用焯烫冷冻法可以保存一个月左右。方法是：水烧开放入少量盐，将豇豆烫一下，迅速捞出用冷水冷却，晾干表面水分，装进保鲜袋中，尽量挤出空气，扎紧袋口，把它们放进冰箱的冷冻室里存放，吃时解冻即可。

1. 有裂口、皮皱的是老豇豆，外形过细无籽的是未发育的豇豆，表皮有虫痕的多数是病豇豆。这三种豇豆都不适合选食。
2. 吃豇豆前，要把豇豆煮熟，豇豆有溶血素和毒蛋白两种有毒物质，只有煮熟才能将其破坏。生吃豇豆可能引起呕吐或者腹泻等症状。

扁豆

嫩扁豆荚和
干种子各有千秋

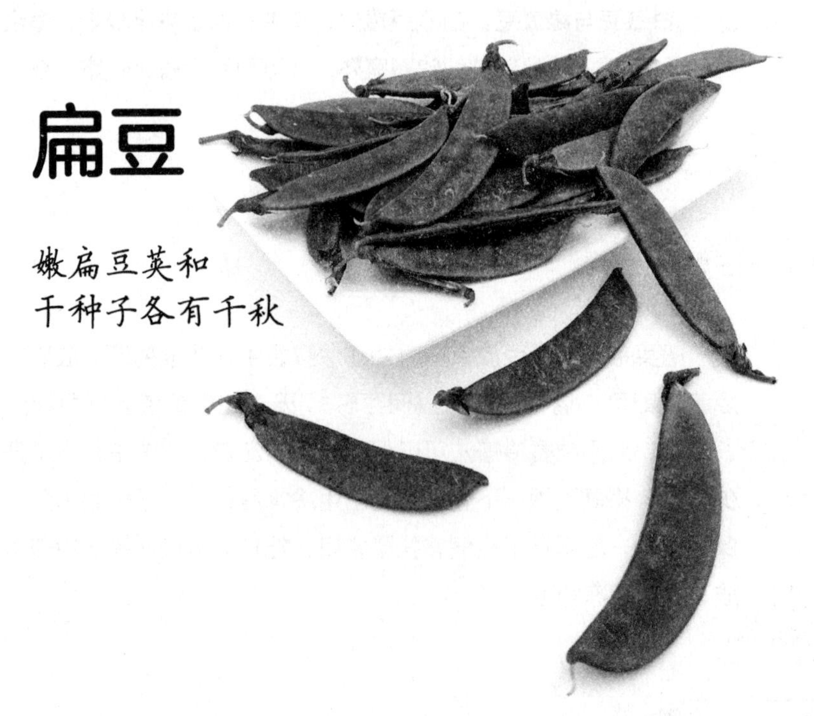

扁豆，别名火镰扁豆、藤豆、月亮菜等，一年生草本植物，嫩荚是普通蔬菜，种子则可入药。扁豆的营养成分相当丰富，包括蛋白质、脂肪、糖类、钙、磷、铁、钾及食物纤维、胡萝卜素、维生素B_1、维生素B_2、维生素C、酪氨酸酶等，扁豆衣的B族维生素含量特别丰富。

新鲜安全这样挑

1 **嫩扁豆荚。**嫩扁豆荚可作为蔬菜食用，因为豆荚颜色的不同，分为白扁豆、青扁豆和紫扁豆三种。其中，以白扁豆最好，其豆荚肥厚肉嫩，清香味美。选择荚皮光亮、肉厚不显籽的嫩荚为宜。若荚皮薄、籽粒明显、荚皮无光泽，则说明已老熟，只能剥籽食用。

2 **干种子。**干种子可作主食或者药用，有白色、黑色、褐色和带花纹的四种。种类不同的种子中医保健功用也不同，可以根据功用不同分别选择。

科学储存这样做

1 买来的扁豆用开水烫一下，等完全冷却后，用保鲜袋装好放入冰箱，可保存较长时间。

2 已经洗过的扁豆如果要过几天才吃的话，就把洗好的扁豆蒸八九分熟，等凉透后放入冰箱冷冻。想吃的时候拿出来解冻就可以了，跟新买的扁豆味道无差。

1 扁豆吃法很多，无论采用哪种做法，一定要加热煮熟，只有这样才能让对人体有毒的凝集素和溶血素失去活性。而引起中毒的扁豆有共同的特点，就是扁豆颜色尚未全变，嚼起来生硬，豆腥味浓。所以，烹饪扁豆时一定要比其他蔬菜火大些，时间长些。

2 扁豆可以与菜花同食，补肾健脾；与鸡肉同食，填精补髓、活血调经；与老鸭肉同食，滋阴补虚、养胃益肾；与蘑菇同食，美肤延年。

3 一般人群均可食用扁豆，特别适宜脾虚便溏、饮食减少、慢性久泄以及妇女脾虚带下、小儿疳积者食用。

4 体内气虚生寒、腹胀、腹痛、面色发青、手脚冰凉的人不宜多吃。

卷心菜

菜球沉实的比较新鲜

卷心菜，学名结球甘蓝，一种常见蔬菜。约90%的成分为水，富含维生素C，在世界卫生组织推荐的最佳食物中排名第三。在希腊神话中卷心菜被说成是主神宙斯头上的汗珠变的，是最古老的蔬菜之一。

卷心菜因有许多药用功效而备受推崇，希腊人和罗马人将它视为万能药。卷心菜有绿色、白色、红色等不同颜色，里面的叶子比外面的叶子略白些。

新鲜安全这样挑

1 **看外表**。挑选外表光滑、没有坑坑包包的卷心菜。外表有黑色洞洞的是虫子咬过的痕迹，而看上去白花花不均匀的可能是农药点的不好形成的，遇到这样的卷心菜都不要购买。

2 **看颜色**。普遍的卷心菜是绿色和白色混掺的，一般绿色部位是嫩叶，而白色部位是菜帮。喜欢吃嫩菜叶的，可以挑选绿色部分较多的卷心菜；喜欢吃脆而硬的菜帮的，可以挑选外表白色部分较多的。通常鲜绿色的卷心菜是新鲜的。

3 **掂分量**。应季的卷心菜因为很新鲜所以会普遍很沉，如果掂着卷心菜感觉很软，没有什么重量，说明这颗卷心菜一定是存放很长时间的了。这样的就不要买了。

4 **看菜帮**。蔬菜的生长靠的是根，而采摘也是从根部开始的。观察卷心菜根部的颜色，如果是淡绿偏白色的，那么说明卷心菜是很新鲜的。如果根部已经有了腐烂的迹象，而且有萎缩的样子，那么该菜就是存放一段时间的了。

5 **捏菜心**。新鲜的卷心菜因为营养丰富所以是很硬的。捏一捏卷心菜的外表，如果很稀软，说明水分流失得很严重，已经不新鲜了。

科学储存这样做

1 保持卷心菜的完整。如果想暂时储存卷心菜的话，最好不要把它切开。切开的卷心菜很容易丧失掉菜里的维生素C，而且切开处很容易变质。如果必须要存储一半的卷心菜，就用塑料袋紧紧地裹起来，再放到冰箱里。

2 保鲜袋冷冻。为了防止卷心菜丧失水分，影响营养和口感，可以用保鲜膜将其包好放入冰箱内冷藏保存，最长两周。

3 从外往里吃。按卷心菜的层从外到内食用，这样可以使卷心菜一直保持新鲜和营养。

4 及时剥掉坏了的叶子。如果卷心菜的外层菜叶枯萎和霉变了，要剥干净后再保存，不然很容易引起其他部分的变质，最后使整个卷心菜都不能食用。

1 卷心菜适于炒、炝、拌、熘等，可做汤，也可作馅心。

2 购买时不宜买多，以免搁放时间过长，大量的维生素C被破坏，损失营养成分。

3 卷心菜属于十字花科的蔬菜。这类蔬菜中含有植物化学物质——异硫氰酸酯和吲哚等，这类化合物已经被证实具有很好的抗癌作用。流行病学研究表明，十字花科蔬菜能降低一些癌症发生风险，如肺癌、结肠癌、乳腺癌等。

生菜

白叶包心生菜更适合生吃

生菜，从名字上就能看出，是最合适生吃的蔬菜。而说到凉拌菜，人们最先想起的也确实是生菜。生菜含有丰富的营养成分，还有几种其他蔬菜少有的营养成分，比如能镇痛催眠的莴苣素、能利尿和促进血液循环的甘露醇、能促进人体抑制病毒的干扰素诱生剂等等。而且生菜热量非常低，纤维素含量又高，很适合减肥。除生吃、清炒外，生菜还能与蒜蓉、蚝油、豆腐、菌菇同炒，不同的搭配，生菜所发挥的功效也是不一样的。

新鲜安全这样挑

1 **看叶片。**选购的时候主要看叶片。青叶生菜纤维素多，吃起来略有点苦；白叶生菜叶片薄，品质细，吃起来比较嫩。

2 **辨光泽。**生菜在有些地方也被叫作“玻璃生菜”，这从侧面说明了好生菜的质感。一般来说，越好的生菜，它的叶子越脆，而且叶片不是非常厚，叶面有诱人的光泽度。

3 **看叶片断口**。若生菜叶面好像生了锈斑一样，说明该生菜有断口或褶皱的地方，这些断口或褶皱处会因为空气氧化的作用而变得好像生了锈斑一样，而新鲜的生菜则不会如此。

科学储存这样做

将生菜的菜心取出，在菜心的位置塞入一块潮湿的纸巾，这样菜叶就可以很好地吸收纸巾里面的水分，等到纸巾的水分吸干后，再将生菜放入保鲜袋中冷藏保存即可。这样方法可以让生菜放置较长的时间。

1 生吃生菜一定要注意农药化肥的残留问题。可以将生菜放在清水里浸泡20~30分钟，再用清水反复冲洗；或者把生菜放在淘米水里浸泡10分钟后倒掉浸液再用流动的清水反复冲洗。

2 中医学中认为，生菜性凉，尿频、胃寒之人应少食。

娃娃菜

是娃娃菜不是大白菜心

娃娃菜，又称微型大白菜，是一款引进的蔬菜，近几年开始在国内受到青睐。娃娃菜的外形与大白菜一致，但尺寸只有大白菜的四分之一到五分之一。别看娃娃菜个头小，其营养价值一点都不比大白菜逊色，其钾含量比白菜还要高出很多。经常有倦怠感的人多吃点娃娃菜可有不错的调节作用。常见的“上汤娃娃菜”就是很好的菜品，口味清淡，制作简单，可谓是外出就餐的必点菜之一。

新鲜安全这样挑

选正宗的娃娃菜，应挑选个头小，大小均匀，手感紧实，菜叶细腻嫩黄的为佳。如果捏起来松垮垮的，有可能是用大白菜心冒充的。

因为娃娃菜是一种精细菜，所以哪怕个头只有大白菜的1/4大，价钱也是大白菜的好几倍，也因此有很多不法菜农和商家会把“发育不良”的大白菜剥去菜帮，以菜心冒充娃娃菜。然而，真正的娃娃菜和大白菜冒充的毕竟还是有一些区别的，在选购时要注意以下几点不同。

1 **色泽**。娃娃菜的叶子呈嫩黄色，而白菜心是黄中带白，跟娃娃菜的自然色泽不同。

2 **外形**。娃娃菜的叶基较窄，叶脉细腻，而大白菜心的叶基和叶脉都比较宽大。

3 **包心**。大白菜包心生长比较紧密，其叶子皱缩程度严重，呈扭曲状。娃娃菜叶面比较平整，叶子卷曲花纹也很精致、小巧漂亮。娃娃菜叶较直，白菜心叶子向里弯曲。

科学储存这样做

新买来的娃娃菜如果不能一次性吃完，可以用保鲜袋将其包好，放入冰箱的冷藏室，这样可以保存时间稍长些。如果放置在自然环境中，娃娃菜也不至于很快烂掉，但是会流失水分，影响口感。

辣椒

尖头的辣圆形的甜

随着川菜的流行，越来越多的人喜欢上了吃辣，其实辣椒除了可以调味之外，还有很丰富的营养。辣椒中含有丰富的维生素C、β-胡萝卜素、叶酸、镁及钾，辣椒独有的辣椒素还具有抗炎及抗氧化作用，有助于降低心脏病、某些肿瘤及其他一些随年龄增长而出现的慢性病的风险。辣椒还能减肥、有助于预防和治疗胃溃疡，那么如何挑选优质的辣椒呢？

新鲜安全这样挑

现在市面上的辣椒主要有三种，一种是辣味重的辣椒，另一种是甜味重、无辣味的甜椒，还有一种是介于上述两者之间的半辣味椒。其实辣椒的果实形状与其味道的辣、甜之间存在着明显的相关性。

一般来说，尖辣椒辣的多，且果肉越薄，辣味越重；而柿子形的圆椒多为甜椒，果肉越厚越甜脆；半辣味椒则介于两者之间。

染色辣椒面是将正常的辣椒面经过化学处理，用罗丹明B染色，使之呈现鲜艳的红色。罗丹明B是苏丹红的近亲，具有潜在的致癌、致突变性和心脏毒性。

染色辣椒面可以如下辨别。

1　颜色鲜红呈油浸、亮澄澄状态及很容易掉色的辣椒面可能是经过染色的。

2　正常的辣椒面干燥、松散，粉末为油性，颜色自然，呈红色或红黄色，不含杂质，无结块，无染手的红色，有强烈的刺鼻刺眼的辣味。而经过染色的辣椒面，颜色会非常鲜艳，红得不自然，但辛辣味却不强烈。

3　正常辣椒面的红色是一种植物性的色素，存放久了颜色会慢慢黯淡下来。但是，经过染色的辣椒面，即使暴晒仍然会很鲜红。

4　在辣椒面中加一点食用油搅拌，若一段时间后油的颜色很红，就可能是染色辣椒。

5　取一点辣椒面放于锅中，缓缓加热烧到冒烟，正常的辣椒面会发出浓厚的呛人气味，闻了之后会打喷嚏、咳嗽；而掺假的辣椒面则只见青烟，闻不到呛人气味，或者气味不浓。

科学储存这样做

1　鲜辣椒对低温敏感，不耐低温，气温过低会引起冷害，所以保存时最好不要放在冰箱冷藏，可以用保鲜袋包起来放在通风阴凉处，但保存时间也不宜过长，一般不超过一周。

2　干辣椒保存时一定要保证其干度，所以保存前一定要完全晒干，然后将干辣椒放入瓶子或罐子里，密封置于通风干燥处保存即可。若中间有受潮情况，要拿出来晒干再保存。

3　辣椒面保存时也要注意防潮，直接用干燥的密封袋或玻璃瓶密封保存即可。也可以将辣椒面制成油辣子，方法是把辣椒面放在玻璃瓶中，将油烧至高温后倒入瓶内，最好多于辣椒，以免发霉，然后密封保存即可，这样可以存放很久。

1. 辣椒营养丰富且有重要的药用价值，但食用过量却会危害人的身体健康。过多食用辣椒会剧烈刺激胃肠黏膜，引起胃痛、腹痛、腹泻等不良反应，所以，胃肠炎、胃溃疡、食管炎及痔疮等患者均应少食或忌食辣椒。
2. 不宜食用或只能少量食用辣椒的人群有心脑血管疾病患者、眼病患者、慢性胆囊炎患者、口腔溃疡患者、产妇、肾病患者、甲亢患者以及中医诊断的热证者等等。
3. 食用辣椒过辣时通过喝水或食用主食来冲淡辣味并不是很理想的方法，因为辣椒素为非水溶性物质。但喝凉水或吃冰冻食物可以减轻口腔及食道黏膜的灼烧感。吃些清淡的含油脂的混合食物，如米饭或馒头加炒菜，将黏膜表面的辣椒素带走，也是一个减轻刺激的办法。

西葫芦

外表光滑、
颜色浅绿的最好

西葫芦，以皮薄、肉厚、汁多、可荤可素、可菜可馅而深受人们喜爱。西葫芦营养丰富，富含蛋白质、脂肪、碳水化合物、粗纤维、硫胺素、核黄素、抗坏血酸、维生素E、胡萝卜素及钙、磷、钾、镁等十几种矿物质和谷氨酸等16种氨基酸等营养素。西葫芦还含有一种干扰素的诱生剂，可刺激机体产生干扰素，提高免疫力，发挥抗病毒和抗肿瘤的作用。

新鲜安全这样挑

1 **看外皮**。建议挑选表皮光滑无伤痕的西葫芦。外皮有伤痕的或者是烂了皮的西葫芦，口感多不大好。

2 **掂重量**。建议挑选比较沉的西葫芦，一来瓜肉丰富，二来营养充足。分量较轻的西葫芦一般是时间非常久的，没有什么营养和水分。

3 **摸表面**。挑选时应注意摸一下西葫芦的表面。新鲜的西葫芦表面上有一层小毛刺，表面光滑无刺的说明已经存放较长时间了。

4　**挑形状**。建议挑选中等个头、较直的西葫芦，这种西葫芦是生长的正好的西葫芦。过分胖的或者很大个的西葫芦，没有西葫芦清香、香甜的味道，不建议挑选。

5　**辨颜色**。新鲜的西葫芦整体的颜色都很亮很饱满，其中以浅绿色的西葫芦最好。

科学储存这样做

买回来的西葫芦如果不立刻吃，千万别用水洗。可用纸巾擦干上面的水分，用保鲜袋装好，排空保鲜袋里面的空气之后打结，外面用报纸包好，再加塑料袋装好，放进冰箱。不要放在急冻层，且不要超过十天。

1　西葫芦不宜生吃，但烹调时也不宜煮得太烂，以免营养损失。最好低温烹调或采用水煎方法，也可以将西葫芦切成片用水焯一下凉拌。

2　脾胃虚寒的人应少吃西葫芦。

豌豆苗

叶色青绿色的更新鲜

豌豆苗是豌豆的嫩苗，供食部位是嫩梢和嫩叶，营养丰富，含有人体必需的多种氨基酸，绿色无公害，而且吃起来清香滑嫩，味道鲜美独特。用来热炒、做汤、涮锅都称得上是上乘蔬菜，倍受广大主妇的青睐。

新鲜安全这样挑

购买豌豆苗时最好挑选大叶茎直，新鲜肥嫩的品种，以叶身幼嫩，叶色青绿呈小巧形状为优。

科学储存这样做

因豌豆苗叶子含有较多水分，故不宜保存，建议现买现食，或控干表面水分放入打洞的保鲜袋，存入冰箱冷藏。

西红柿

注意区别天然熟西红柿和催熟西红柿

西红柿营养丰富、风味独特，具有减肥瘦身、消除疲劳、增进食欲、提高对蛋白质的消化、减少胃胀食积等功效，可凉拌可热炒，是人见人爱的餐桌大菜。中医学中认为，西红柿还能够止血、降压、利尿、生津止渴、清热解毒、凉血平肝。那么，该如何挑选西红柿呢？

新鲜安全这样挑

1 **颜色越红越好**。此处是指自然成熟的西红柿，不包含人工催红的西红柿。因为西红柿越红说明越成熟，也比较好吃。

2 **外形圆润为好**。挑选外形圆润的西红柿，那些有棱有角的或者表皮有斑点的一般都不太好。

3 **皮薄有弹力为好**。用手捏下西红柿，皮薄有弹力，摸上去结实而不松软的是好西红柿。

4 **底部圆圈小的好**。观察西红柿的底部，如果圆圈较小，说明筋少、水分多、果肉饱满，这样的西红柿比较好吃。底部圆圈大的西红柿则筋多，不好吃。

鉴别催熟的西红柿

为了能够卖高价，一些商家会对西红柿进行人工催熟。催熟的西红柿在样子上往往比正常的西红柿更好看，但由于没有经过完整的生育期，口感、品质、营养各方面都逊色很多。而且，如果化学药物使用剂量过大，还有可能影响食用者的身体健康。因此，购买西红柿要注意鉴别。

1 **看外观**。通常，经过催熟的西红柿果实着色特别均匀，整个果实红色较深，表皮没有细微的白点，摸上去手感较硬。自然成熟的西红柿果实顶部圆滑，不突出，蒂部较硬，略带青色；未熟透的果实，用手拽出蒂部时，凹陷处明显有细微果肉带出状，而非圆滑状。

2 **看内部**。将西红柿掰开后，催熟的西红柿汁少，肉与汁一体，结构不明显；自然成熟的西红柿汁多，籽与果肉可明显区分。

3 **品口感**。催熟的西红柿果肉硬、无西红柿味，口感发涩；自然成熟的西红柿吃起来稍硬无颗粒感，酸甜适中。

科学储存这样做

1 完全成熟的西红柿室温自然放置就可以了，但是尽量现买现吃。

2 要想长期存放的话，可以挑选果体完整、品质好、五六分熟的西红柿，将其放入塑料食品袋内，扎紧口，置于阴凉处，每天打开袋口1次，通风换气15分钟左右。如果塑料袋内有水蒸气，要用干净的毛巾擦干，然后再扎紧袋口。袋中的西红柿会逐渐成熟，一般可维持一个月左右。也可在7、8月份大量西红柿上市时，挑选适量成熟的西红柿洗净后，装入密封袋，将其放入冷冻室保藏。

1. 如果只把西红柿当成水果吃补充维生素C，或盛夏清暑热，则以生吃为佳。但脾胃虚寒及月经期间的妇女不宜多吃生西红柿。
2. 未成熟的西红柿不能生吃。未成熟的西红柿中含有大量的特殊有毒物质番茄碱，微量的番茄碱对人体的影响不是很大，但是如果食用过多，就会导致中毒。
3. 西红柿不宜空腹大量吃。空腹时胃酸未被消耗，西红柿中含有较多的可溶性收敛剂等成分，与胃酸发生反应，可凝结成不溶解的块状物，容易引起胃肠胀满、疼痛等不适症状。
4. 西红柿不宜长时间高温加热。因番茄红素遇光、热和氧气容易分解，失去保健作用，因此，烹调时应避免长时间高温加热。

芥蓝

营养丰富，但不宜大量或长期食用

芥蓝中含有有机碱，这使它带有一定的苦味，能刺激人的味觉神经，增进食欲，还可加快胃肠蠕动，有助消化。芥蓝中另一种独特的苦味成分是奎宁，能抑制过度兴奋的体温中枢，起到消暑解热的作用。它还含有大量膳食纤维，能防止便秘、降低胆固醇、软化血管、预防心脏病等。

新鲜安全这样挑

1 **看叶片**。建议挑选叶片完整的芥蓝，没有黄叶子、烂叶子的为最佳。

2 **看菜梗**。由于芥蓝的梗本来就比较粗，因此建议挑选梗比较细的芥蓝。梗越细，口感相对就会越好一些，而且也更好入味。

3 **看顶部**。建议挑选顶部仍是花苞的芥蓝。如果芥蓝顶部的花已经盛开了，说明这颗蔬菜已经变老了。另外，若挑选的是包心芥蓝，则需注意叶柄有无老化现象，叶柄越肥厚越好。

科学储存这样做

若是完整的芥蓝，因为芥蓝不易腐坏，所以用纸张包裹后放在冰箱里即可，大约可保存两周；若是切好但没有食用的，可将其泡在水中，水以盖住芥蓝为佳，在上面撒一些冰块放入冰箱冷藏即可，大约可保存一周。

1. 芥蓝中的维生素C、胡萝卜素含量很高，超过了菠菜和苋菜这些被人们普遍认为维生素C含量很高的蔬菜。
2. 芥蓝中含有丰富的硫代葡萄糖苷，是强有力的抗癌成分，经常食用还有降低胆固醇、软化血管、预防心脏病的功能。
3. 在烹制芥蓝时，最好采用炒、炝的方法，不要烹制过熟才能够保持它的味美、色鲜、质脆的特点。芥蓝味道微苦涩，所以炒前最好加少许食用碱水焯一下，但也不要加的过多，否则会破坏其营养成分。
4. 一般人群均可食用，特别适合食欲不振、便秘、高胆固醇患者。
5. 怀孕的妈妈常食用芥蓝有利于改善便秘，降低血压、保护心脑血管，但脾胃虚寒的孕妇不宜过多食用。

芦笋

即采即食味道最佳

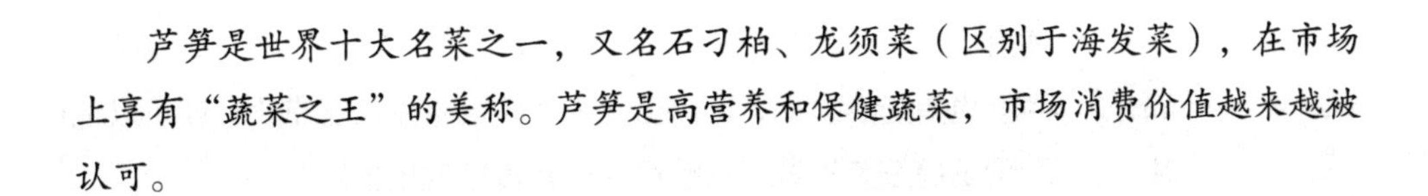

芦笋是世界十大名菜之一，又名石刁柏、龙须菜（区别于海发菜），在市场上享有“蔬菜之王”的美称。芦笋是高营养和保健蔬菜，市场消费价值越来越被认可。

新鲜安全这样挑

1 **看笋尖。**笋尖鳞片抱合紧凑，无收缩即为较好的鲜嫩芦笋，反之不鲜嫩。

2 **折笋茎。**将芦笋用双手折断，较脆、易折断、笋皮无丝状物为鲜嫩，反之不鲜嫩。

3 **看笋茎。**基部白色茎坚硬、老化甚至木质化的芦笋食用时口感较差，挑选时以稍带基部白色茎为好。

4 **看粗细。**选择芦笋时要注意观察，芦笋上下均匀的为佳。

5 **看长短。**芦笋长度在20厘米的最佳，这么长的芦笋是最嫩最好吃的。

科学储存这样做

芦笋的鲜度降低的很快，极易失水、变质，因此在买的时候就应当注意其新鲜度。买回来的芦笋若不能立即食用，可以将芦笋用保鲜膜包裹好，根部朝下，放入冰箱冷藏；也可以用浓度约5%的食盐水烫煮一分钟之后，置于冷水中使之冷却，而后放入冰箱中，也可维持几天不腐坏。

1. 经常食用芦笋对心脏病、高血压、心率过速、疲劳症、水肿、膀胱炎、排尿困难等病症有一定的益处。同时，芦笋对心血管病、血管硬化、肾炎、胆结石、肝功能障碍和肥胖患者均适宜。
2. 芦笋也是防癌食品，可以促使人体内细胞生长正常化，还可以辅助预防癌细胞扩散，搭配百合一起食用效果更好。
3. 芦笋不宜生吃，也不宜存放一周以上才吃。
4. 对芦笋过敏的人、痛风患者不宜食用。
5. 芦笋最方便的食用方法是用微波炉小功率热熟。

茼蒿

通体深绿、
粗细适中为最佳

茼蒿，又称皇帝菜，多用于火锅和拌菜。皇帝菜营养非常丰富，常被拿来与菠菜作比较，其功用有治疗便秘、牙痛，帮助骨骼发育，预防高血压、保肝、利尿等。这种菜有一个特点，无论是经过曝晒还是用水浸泡过，其口感依旧爽脆可口。

新鲜安全这样挑

1 **看颜色。**购买茼蒿时，颜色以水嫩、深绿色为佳，不宜选择叶子发黄、叶尖开始枯萎乃至发黑收缩的菜。

2 **看茎部。**购买时建议挑选茎短、粗细适中的茼蒿。通常茎越短越鲜嫩，茎粗又中空的茼蒿大多生长过度，叶子又厚又硬。

3 **选品种。**市场上的茼蒿一般有尖叶和圆叶两种类型。尖叶茼蒿叶片小，淡香味浓。圆叶茼蒿叶宽大，口感软糯。

科学储存这样做

1 买菜途中尽量不要挤压，若有损坏，将腐坏、压伤的部分切掉。

2 若买的时候商家在菜上洒了很多水，最好稍微甩干或摊开晾干，然后用纸把蔬菜根部包一下，放入保鲜袋中，竖在冰箱里冷藏，但不宜久存。

3 若想长期保存，可将茼蒿用保鲜膜根据食用量分包，放入密闭容器中并冷冻保存以防变干。

1 茼蒿对预防高血压、冠心病、动脉硬化、骨质疏松都有益处。但因茼蒿属高钠蔬菜，高血压患者注意烹调时一定要少放盐，避免摄入过量盐。

2 中医学认为，健康体质、气虚体质、湿热体质者宜吃茼蒿；阳虚体质者不宜多吃茼蒿。

3 熬夜人群适宜食用茼蒿。

茄子

乌黑光亮的茄子品质佳

茄子，江浙人称为六蔬，广东人称为矮瓜，是茄科茄属一年生草本植物，热带为多年生。其结出的果实可食用，颜色多为紫色或紫黑色，也有淡绿色或白色品种，有圆形、椭圆形、梨形等多种形状。茄子是一种典型的蔬菜，根据品种的不同，吃法多样。

新鲜安全这样挑

1　**看颜色**。茄子有很多品种，从颜色上分，有黑茄、紫茄、绿茄、白茄以及许多中间类型。黑茄、紫茄以红紫或黑紫色为主，颜色比较乌黑光亮，一眼看去非常漂亮，这样的茄子才好。相反，如果茄子颜色暗淡，呈现褐色，说明茄子老了，或者马上就要坏了，这样的茄子不要买。

2　**看形状**。目前市场上的茄子，按照形状的不同，可以分为圆茄、长茄和短茄三个品种。圆茄果形扁圆，肉质较紧密，皮薄，口味好，品质佳，以烧茄子吃最好，熬煮凉拌次之；长茄果形细长，皮薄，肉质较松软，种子少，品质甚佳；短茄果型为卵形或长卵形，果实较小，子多皮厚，易老黄，品质一般，凉拌食较好。

3 **找花萼**。在茄子的花萼与果实连接的地方，有一条白色略带淡绿色的带状环，这个带状环越大越明显，说明茄子越嫩，越好吃。反之茄子就比较老了，口味、品质就差了很多。

4 **看外观**。好的茄子看起来粗细均匀，没有斑点或裂口，尤其要注意有没有腐坏的地方。对于那些粗细不一，有很多褶皱的茄子不要买，这些都已经放置很长时间了。

5 **摸硬度**。摸起来软硬适中的茄子比较好，很硬的说明有些老了。

科学储存这样做

存放茄子的时候，有一个很重要的细节，那就是不能有表皮的创伤，也不能沾水，这个是什么道理呢？其实，茄子的表皮有一层蜡质，是一层天然的屏障，这个屏障一旦受到破坏，就会很快的腐烂变质，因此，如果没有特殊的存放需求，对于吃茄子来说，最好就是现切现吃，否则就会氧化变黑，继而变质变坏。

当然有些时候不可避免地会切开但是没吃，这个时候只需要将切开的茄子放到清水里浸泡，并保证清水淹没茄子，这样断绝了空气，就不容易氧化，一般来说2天之内都不会变质。

1 由于茄子皮里面含有B族维生素、维生素P及花青素等，因此吃茄子最好不要去皮。另外，茄子的吃法荤素皆宜。

2. 茄子适合与苦瓜同食，是心血管疾病患者的理想菜。茄子与肉同食可以补血，稳定血压，预防紫癜。
3. 中医学认为，茄子属于寒凉性质的蔬菜，容易长痱子、生疮疖的人可以多吃；身体有消化不良、容易腹泻、脾胃虚寒、便溏症状的孕妇不宜多吃。此外，孕妇在食用茄子时，也应当选择新鲜茄子，老茄子含较多茄碱，对人体有害，不宜多吃。
4. 茄子还具有一定的保健作用，例如：抗衰老，促进蛋白质、脂质、核酸的合成，提高供氧能力，改善血液流动，防止血栓，提高免疫力，清热活血、消肿止痛，缓解便秘等等。

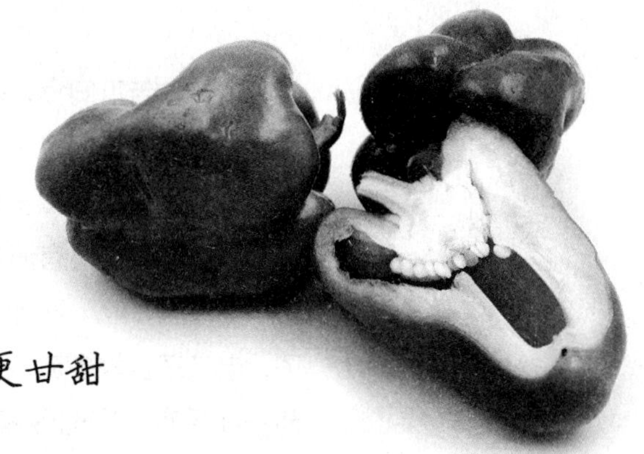

青椒

颜色嫩绿，口感香脆的更甘甜

青椒是不少人的最爱，因其丰富的营养价值，独特的口味特点，使其受欢迎的程度只增不减。大家都知道青椒的维生素C含量在蔬菜中名列前茅，不过这指的是优质青椒，那生活中要怎么挑选优质青椒呢？

新鲜安全这样挑

1 **看色泽**。成熟的青椒外观鲜艳、明亮、肉厚，顶端的柄是鲜绿色的；没有成熟的青椒肉薄，柄呈淡绿色。

2 **看弹性**。购买时可捏一下青椒，捏起来有弹性的青椒才新鲜，所谓有弹性就是轻捏时青椒会变形，抬起手后会很快弹回。不新鲜的青椒皮是皱的或软的，颜色暗淡。此外，有损伤的青椒容易腐烂，不要购买。

3 **看肉质**。购买时观察青椒棱的肉质厚度。生长环境好，营养充足的容易形成四个棱，三个或两个棱的青椒肉质较薄。

科学储存这样做

1 把每只青椒蒂都在蜡烛油中蘸一下，凉后装进保鲜袋中，封严。

2 袋藏法。取一个塑料袋，在袋的中下部扎透气孔。装入青椒，扎紧袋口，放在8℃~10℃的空屋内，可贮存1~2个月。如袋内水蒸气过多，可每周打开袋口通风1次，并拣出烂椒。

3　筐藏法。取1只竹筐，筐底及四周用牛皮纸垫好，将青椒放满后包严实，放在气温较低的屋子或阴凉通风处。隔10天翻动一次，可保鲜2个月不坏。

4　缸藏法。以中小型缸为好，将缸洗净，用1%的漂白粉消毒后晾干。将青椒柄朝上，层层放在缸内，排满后用塑料薄膜盖严缸口。为适度透气，可在薄膜上打4个花生米大小的孔，或每隔1周打开薄膜透气半小时。缸放在8℃~10℃的室内，天冷时围盖草毡防冻。

1. 青椒具有较高的营养价值，它可以预防癌症，解热、镇痛，增加食欲、帮助消化，降脂减肥。
2. 一般人群均可食用。眼疾患者、食管炎、肠胃炎、胃溃疡、痔疮患者应注意适量食用。小孩及中老年人在服用钙片前后两小时内应尽量避免食用青椒、菠菜、香菜等含草酸较多的食物。
3. 青椒宜与苦瓜、空心菜、肉类、鳝鱼同食。
4. 素炒青椒时不要用酱油，否则菜色会变暗，味道也会不清香。另外，急火快炒能保持其原有的香味且避免青椒中的维生素C流失。

南瓜

高纤维富含胡萝卜素的减肥蔬菜

南瓜是葫芦科南瓜属的植物。按颜色可分为橙色、橙红色、黄色、白色、双色混合等；按形状可分为圆、扁圆、长圆、纺锤形或葫芦形。南瓜越“老”，它里面所含的水分也就越少，这样的南瓜筋少，口感又面又沙，不论是蒸、煮、炸，或者制作主食、甜品或汤粥类，味道都格外好。南瓜做成南瓜泥有助于宝宝的消化，对大人也有治疗便秘的效果。另外，经过充足的日照，南瓜的甜度会变得很高，营养当然也会更好。

新鲜安全这样挑

1 **掐外皮**。用大拇指的指甲将南瓜的外皮稍稍用力掐一下，如果感觉南瓜外皮比较坚硬，那么这样的南瓜就是老南瓜；反之，如果一掐就破，则证明成熟度不够，这样的南瓜口感较差。

2 **看外皮**。挑选时，要选择外形完整的南瓜，如果有腐烂变质的情况，就不要选购。不过，有机种植的南瓜外皮难免会有一些小小的斑点甚至是突起，这是因为南瓜在生长的过程中，可能会受到虫咬或划伤，这时南瓜就会分泌出少量的黏液来保护伤口，一段时间以后，这些黏液会凝固变硬，南瓜的外皮上就会出现一个小斑点或突起，但这并不影响食用。如果选购的是有机产品，可能会发现南瓜的外观不是非常“完美”，不过这并不影响南瓜的品质。

3 **看颜色**。如果挑选的是蜜本南瓜，那最好是挑选橙色的；如果果实仍然偏绿，则证明成熟度不够。当然，如果挑选的是京绿栗南瓜，则以深绿色的为佳，颜色深一些的，证明成熟度高。

4 **闻味道**。南瓜老熟后有一种特殊的香气，是南瓜的清香气味，没有成熟的嫩瓜有一种菜瓜的味道。挑选老瓜时最好也要选择那种带瓜蒂的，这样的南瓜说明摘下的时间较短，可长时间保存。

5 **摸茎部**。南瓜上一般会连着一小段茎，这样的南瓜比较易于保存，用手掐一下这段茎部，如果感觉非常硬，手感几乎像木头一样，就证明南瓜采摘的时机比较合适，成熟度好。

6 **看瓜瓤**。将南瓜切开时，会感觉南瓜的瓤非常坚硬，这样的南瓜口感会又面又沙，而且甜度高。南瓜瓤的颜色多为金黄色，颜色较深的，成熟度高；反之，如果颜色浅浅的，证明成熟度不够。另外，瓜子饱满也是南瓜成熟度高的表现之一。

7 **拍一拍**。将南瓜托在手上，用另一只手去拍，如果声音发闷，感觉南瓜的内部结构非常紧实，就证明南瓜的成熟度比较高。

8 **掂一掂**。相同大小的南瓜，挑选的时候选沉重的那一个。较沉的南瓜，成熟度更好。

科学储存这样做

南瓜由于果实比较坚实，所以储存的时间很长。放在阴凉干燥通风的角落里，可以保存2个月左右。一定要注意的是，存放的时候要将南瓜的瓜柄朝上放；如果瓜柄朝下的话，南瓜会腐烂得很快。当然，如果是切开的南瓜，可以将南瓜子去掉，用保鲜膜封好切口放入冰箱冷藏，并在1~2天内尽快食用完为宜。

1. 南瓜具有较高的食用价值。吃南瓜可以起到消除致癌物质，即防癌的作用；可以帮助胃消化，保护胃黏膜；也可起到驱虫的作用。
2. 中医学认为，南瓜多吃会助长湿热，尤其是患有疮毒、风痒、黄疸和脚气病的患者皆不宜大量食用。

冬瓜

敲起来砰砰响的是好瓜

冬瓜主要产于夏季，取名为冬瓜是因为瓜熟之际，表面上有一层白粉状的东西，就像是冬天结的白霜；也因为这个原因，冬瓜又称白瓜。冬瓜分表面有刺和没刺两种。冬瓜原产于中国南方各地及印度，现在东亚和南亚地区也广泛栽培。冬瓜既可以用来煮汤，也可用来炒或炖。

新鲜安全这样挑

1 **看外皮**。冬瓜的外皮很薄，所以很容易留下划痕。在挑选的时候，主要看看有没有深的痕迹，挑选表面光滑，没有坑包的。

2 看颜色。大多数冬瓜都是墨绿色的，购买时建议多挑选墨绿色的就可以。

3 **看大小**。一般都是很大的冬瓜，切成片状来卖。挑选的时候按照自己家庭的饭量，挑选1片左右就可以了。

4 **看软硬**。切开的冬瓜片，可以用手指轻轻碰一下，如果感觉很

软，那么估计是时间稍久的了，可挑选稍硬一些的。

5 **看重量**。挑选的时候可以两片对比一下，哪块重并且稍硬的就是更好的。

科学储存这样做

1 整个冬瓜可以放在常温下保存。切开后，冬瓜切下的那一边一定不能碰到手，因为手上有汗，冬瓜沾了汗就会坏掉。切下后拿保鲜膜密封，再放入冰箱就可以了。

2 放在阴凉的地方，最好能接地气。切过的地方用一张纸盖住，不容易干。千万别放在塑料袋中，那样不透气，烂得更快。

1 冬瓜有很好的食疗价值，可用于痰热喘咳，热病烦渴或消渴，水肿，小便不利。

2 冬瓜自古就被认为是不错的减肥食材，因冬瓜不含脂肪，含钠量也极低，有利尿排湿的功效，可以让人快速瘦下来，水肿型肥胖人群可多食用。

3 中医学认为，冬瓜性寒，脾胃气虚、腹泻便溏、胃寒疼痛者忌食生冷冬瓜；女子月经来潮期间和寒性痛经者忌食生冬瓜。

白菜

晶莹如玉的白菜甘甜爽口

白菜原产于我国北方，通常指大白菜，也包括小白菜以及圆白菜。白菜的种类很多，北方的大白菜有山东胶州大白菜、北京青白、天津青麻叶大白菜、山西阳城的大毛边等。白菜是人们生活中不可缺少的一种蔬菜，味道可口，营养丰富，素有“菜中之王”的美称，为广大群众所喜爱。

新鲜安全这样挑

1 **看颜色**。白菜分结球与不结球，这里说的是结球的品种。结球的大白菜，一般来说挑白色的，因为白色的大白菜会甘甜一些，口感更好。如果是青色的白菜，那么口味就不同。另外，就算是结球的大白菜，也不完全是白色的，因为外面的部分有太阳照耀，会变青色。所以，有一点青色叶子在外边是允许的。

2 **看大小**。如果不是限定分量买的话，尽量挑个儿大的大白菜，因为这样的话里面可食用的叶茎多。个儿小的大白菜，一剥开外面的几片茎叶，里面的茎叶也没有剩下多少了，相对不划算。所以，推荐挑个儿大的。同时个儿大的白菜，积累的养分也多，生长好。

3 **看外表**。就大白菜而言，挑选的时候，看外表很重要。一般要挑卷得密实的大白菜，同时也要看看根部，根部要小一点，因为大白菜的根是吃不得的。另外重要的一点，要看看腐烂了没有，如果烂掉了，要慎选。

4 **看手感**。好的大白菜非常的结实，用手感受会感觉比较沉，这个是正常的。结实的大白菜口感会更加甘甜。

5 **看叶茎**。大白菜可以稍微放一小段时间，特别是冬天的时候。但是挑的时候，尽量挑新鲜的，从外面的叶茎就可以看出。叶茎水分比较足的新鲜。

科学储存这样做

1 晾晒法。白菜的含水量很高，储藏时温度过高会容易腐烂，买来的白菜应先晾晒四五日，每天都要翻晒白菜，避免腐烂。晒好后将其移至储存间，一定要保证没有烂叶。

2 土藏法。在秋冬交接时节挖一个土坑，晾晒两天，以免土壤中湿气太大腐烂白菜根部，晾晒完之后，将白菜根部朝下一一埋好，天气渐冷后，就在白菜上部逐渐加干土覆盖，食用时再挖出。

3 地窖法。此方法用于冬季，冬天地下的温度一般比地表高，可有效防止冬季冻伤。

1. 白菜具有益胃生津、清热除烦的食疗效果。
2. 大白菜富含维生素C，可增加机体对感染的抵抗力，还可以起到很好的护肤养颜作用。
3. 白菜可以辅助退烧解热，止咳化痰。
4. 禁食腐烂的大白菜、剩的时间过长的大白菜、没腌透而半生半熟的大白菜、反复加热的大白菜。
5. 一般人均可食用。肺热咳嗽、便秘、肾病患者应多食。因其性偏寒凉，胃寒腹痛、大便溏泄及寒痢者不可多食。

韭菜

特殊辛辣香味的益阳菜

韭菜又叫“起阳草”，性温，有补肾补阳的作用。春天气候冷暖不一，建议人们到春季不妨多吃一些春韭，以祛阴散寒。而且，春季人体肝气偏旺，会影响脾胃消化吸收功能，多吃春韭可增强脾胃之气，有益肝功能。

新鲜安全这样挑

韭菜有宽叶和细叶之分，宽叶韭菜叶色淡绿，纤维比较少，口感较好，细韭菜叶叶片修长，叶色呈深绿色，纤维较多，口感虽不及宽叶但香味浓郁。叶子枯萎，凌乱，变黄，有虫眼的韭菜尽量不要购买，看着太粗壮（有可能用太多化肥）、不鲜嫩的需谨慎购买。此外，可以挑选根部粗壮，截口较平整，韭菜叶直，颜色鲜嫩翠绿的，这样的韭菜营养价值比较高；也可拿着韭菜根部看叶子是否能够直立，如果叶子松垮下垂，说明不新鲜了。

1 大白菜保鲜法。将韭菜整理好后捆一下，用大白菜叶包好，放在阴凉处，可存放3~5天。

2 清水保鲜法。取陶瓷盆备适量清水，将韭菜用草绳捆绑勿择，将韭菜根部向下放入盆中，可保鲜两三天不变质。

3 塑料袋保鲜法。将择好的韭菜捆好，放在稍大一些的塑料袋中，袋口不要封太牢，最好留一个缝隙，将韭菜立放在地上，可使其不干烂。

1 春季多吃些春韭，可祛阴散寒，增强脾胃之气，有益肝功能。

2 男女老少皆可食用韭菜，体质虚寒、皮肤粗糙、便秘、痔疮患者宜多食，也适宜夜盲症、干眼病患者食用。

3 韭菜与绿豆芽、蘑菇、豆腐、鸡蛋、鲫鱼、虾、猪肝等搭配食用，即味美又健康。

豆芽

中国食品的四大发明之一

豆芽又称苗芽，一般可分为黄豆芽和绿豆芽，黄豆芽是传统的豆芽。豆芽中含有一种干扰素诱生剂，能诱生干扰素，增加人体的抵抗力，进而增加体内抗病毒、抗癌肿的能力。西方称豆芽是中国食品的四大发明之一，另外三个分别是豆腐、酱和面筋。

新鲜安全这样挑

1 **看颜色**。优质的豆芽颜色自然洁白、有光泽；如果是加过漂白剂的豆芽，颜色会过白、灰白、并且光泽不好，这种豆芽不宜购买。

2 **闻气味**。如果豆芽大量使用了增白剂、“保鲜粉”等硫制剂，二氧化硫一定会超标。拿一小把豆芽用开水烫一下，用鼻子闻一闻，如果有臭鸡蛋味则肯定含有大量的硫制剂，不可食用。

3 **看粗细**。挑选时注意豆芽不是越粗越好，如果是呈“短粗状”

的豆芽，往往不是好的选择；好的豆芽应该看起来均匀、粗细适中。

4 **看长度**。挑选时注意豆芽不宜过长，标准的豆芽长度应在10厘米以下，若过长，说明使用了催化剂，经常食用的话对身体没好处。

5 **看芽根**。挑选豆芽时建议观察芽根根须是否发育良好，无烂根、烂尖现象的是自然成熟的豆芽，用化肥浸泡过的豆芽菜根短、少根或无根。

6 **看豆粒**。挑选时观察豆芽菜的豆粒是否正常。自然培育的豆芽豆粒正常，而用化肥浸泡过的豆芽豆粒发蓝。

7 **看根部**。如果发现豆芽根部很短或是无根就不要购买，因为很有可能是被放入了一种能抑制根部生长的化学药品；豆芽应该有自然的根部，长度在3厘米左右，如果根部过长的话，就说明豆芽比较老了，口感会比较差，不脆嫩。

8 **看水分**。挑选时用手指掐一下，好的豆芽手感非常脆嫩，汁水充足。

可以在家中尝试自己发豆芽。先选豆，清洗时注意将全部漂浮的豆子除去，然后用温水把豆子泡上一天一夜，待豆子鼓胀起来，把它们过清水并沥干，放入干净盆中，用湿布盖好，每天最少用清水冲洗种芽3次。几天之后，当豆芽发到一寸长时，就可以吃了。

科学储存这样做

豆芽的缺点是不能隔夜，所以最好买来当天就吃完，如果需要保存，则可以放入保鲜袋密封，具体的做法是：先将已经变成褐色的根部掐掉，因为根部容易沾染细菌，加速豆芽腐烂；然后用清水洗干净，放入开水中焯一至两分钟，捞起控干水分后，放进保鲜袋中，尽量排尽空气后密封；最后放入冰箱冷藏。需要注意的是，黄豆芽可保存较长时间，绿豆芽则较短，但无论哪种都不宜超过3天。

1. 豆芽是延年益寿的头号食物。黄豆芽、绿豆芽均性寒味甘，但功效不同。黄豆芽具有清热解毒、降血压、美肌肤的作用；绿豆芽具有清热解毒、利尿除湿的作用。
2. 由于黄豆芽、绿豆芽均性寒，冬季烹调时最好放点姜丝，中和其寒性。烹调黄豆芽时切记不可加碱，加少量的食醋，可保护维生素B不受损。
3. 豆芽特别适合口腔溃疡患者、坏血病患者以及减肥人士使用，嗜烟酒者也适宜常吃；豆芽性寒，膳食纤维比较粗，不易消化，所以脾胃虚寒之人不宜久食。

安全不安全

“毒豆芽”并无毒

引起大家恐慌的“毒豆芽”，主要是指使用了6-苄基腺嘌呤（6-BA）、4-氯苯氧乙酸钠（4-CPA）、赤霉素（GA）等植物生长调节剂的无根豆芽。植物生长调节剂安全性较高，以6-BA和GA为例，它们的大鼠半致死量均大于每千克体重5克（食盐为3克），可以看出它们的急性毒性比食盐还低，而且两者均未发现致癌、致畸、致突变的可靠证据。GA是植物自身产生的，6-BA和4-CPA是人工合成的，但都不会对人体造成“催熟”效果，因为植物激素不会对动物产生作用。

莲藕

外形饱满，
颜色发黄是佳品

莲藕微甜而脆，可以生食也可煮食，是常用蔬菜之一，也具有相当高的药用价值，它的根叶、花须、果实皆是宝物，都可滋补入药，能消食止泻，开胃清热，滋补养性，预防内出血，是妇孺儿童、体弱多病者上好的流质食品和滋补佳珍。藕四季均有上市，以夏、秋的为好，夏天的称为“花香藕”，秋天的称为“桂花藕”。

新鲜安全这样挑

1 **看外形**。挑选莲藕时，要选择外形饱满的，不要选择凹凸不完整的。

2 **看粗细**。挑选时建议购买藕节较粗短的莲藕，粗短的莲藕成熟度足，口感较佳。

3 **看间距**。挑选时观察藕节与藕节之间的间距，间距越长，藕的成熟度越高，口感越好。

4 **看表皮**。购买时，首先观察藕皮的颜色，表面发黄的为自然生长的莲藕，看起来很白，闻着有香味的是使用工业用酸处理过的，不宜买；其次观察表面有没有湿泥土，有湿泥土的话好保存，可放置在阴凉处约一周，无湿泥土的通常已经处理过，不耐保存。

5 **看气孔**。选购时，如果是已经切开的莲藕，可以看看莲藕中间的通气孔，通气孔大的莲藕比较多汁，口感较好。

6　**看伤痕**。选购莲藕时，要注意有无明显外伤。如果有湿泥裹着，选购时可将湿泥稍微剥开看清楚。

7　**闻气味**。好的藕带有泥沙，外皮较粗糙，能闻到泥土的腥气。如果闻起来有淡淡的酸味，外表白净，摸起来滑滑的，可能经过亚硫酸浸泡，不要购买。

科学储存这样做

1　未切过的莲藕可以在温室中放置一周；若已经切开，要在切口处覆上保鲜膜，冷藏保鲜一周左右。

2　莲藕完整且数量不多时，可用水缸储存，先把莲藕洗干净，放入盛清水的缸里，每星期换一次水，可存两个月左右仍鲜嫩。

3　莲藕完整且数量很多时，可以挖一个土坑，在坑底铺一层细湿土，选择质量较好的莲藕铺在底层，接着洒层湿土，再铺莲藕，如此可放5~6层，然后在最上层先盖10厘米左右的细土，再盖上一层厚厚的树叶、柴草，食用时可随时取。

莲藕夏季可以消暑清热，是良好的祛暑食物；冬季可以作为保健食品用来进补，既可食用，又可药用。莲藕既可生食，又可熟食，生食凉血散瘀，熟食补心益肾。莲藕还可保持脸部光泽，有益血生肌的功效。莲藕与花生搭配，味道鲜美、营养丰富，长期食用能清热祛痘，滋润皮肤。

黑木耳

老百姓餐桌
上的“素中之荤”

黑木耳有人工培育和野生木耳两种，市场上销售的绝大部分都是人工培育的。相比而言，野生黑木耳要比人工培育黑木耳不管在品质还是口味方面都要好。黑木耳味道鲜美，营养丰富，有很多的药用功效，可以活血、强身、益气等，对养血驻颜、疏通肠胃、防治缺铁性贫血、治疗高血压也有一定功效。

新鲜安全这样挑

1 **看颜色**。挑选时注意观察黑木耳的颜色，优质黑木耳的正反两面色泽不同，正面为灰黑色或灰褐色，反面为黑色或黑褐色，有光泽，肉厚、朵大，无杂质，无霉烂。劣质黑木耳朵小且薄，表面有白色或微黄色附着物，易粘朵结块。

2 **闻味道**。优质黑木耳一般闻着无异味，尝时有清香味。劣质木耳闻时有酸味，尝时有酸、甜、咸、苦、涩味。若有这些味道，可能掺有工业用药。

3 **摸表面**。优质黑木耳较轻、松散，表面平滑，脆而易断。假木耳较重，表面粗糙，掺入糖的黑木耳，手感黏、软。

4 **用水泡**。优质黑木耳放入水中后，先漂在水面，然后慢慢吸水，吸水量大，叶体肥厚，均匀悬浮在水中。假木耳放入水中后先沉底，然后慢慢吸水浮起，叶片较小，吸水量小，有异味。

科学储存这样做

市场上一般出售的都是干木耳，若长时间不吃，忌放在食品袋中储存，因为黑木耳会吸收袋中的水分而变味，可以放在纸箱中保存。保存时注意避免阳光直射，通风、干燥、凉爽即可，也要防止被压碎，如此便可保存较长一段时间。若黑木耳已经发过水，则可以放在装有水的保鲜盒内，冷藏于冰箱中，如此可保存两三天。

1. 内行人选择黑木耳时一般选择小块的叶片，虽然看起来很小块，但泡开后都是一片一片的叶子没有根，这样避免浪费。
2. 在食用木耳时注意要将木耳在水中浸泡一段时间，再用自来水冲洗几次，如此可减少农药残留。
3. 黑木耳富含木耳多糖和可溶性膳食纤维。研究显示，木耳多糖能降低高脂血症大鼠的血脂和胆固醇，因此适宜高脂血症患者及肥胖人群食用。木耳多糖还具有抗血栓形成及抗氧化的作用，对动脉硬化及冠心病高危人群有益，也非常适合老年人食用。木耳中的可溶性膳食纤维可促进肠蠕动，有缓解便秘、减少脂肪吸收的作用，适用于便秘及减肥人群。

银耳

养生的好选择

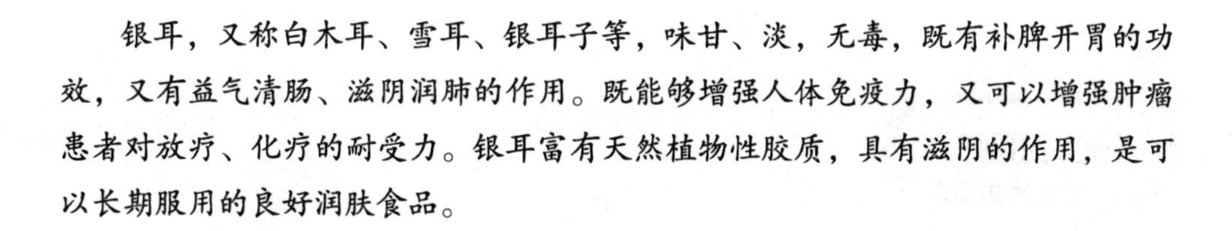

银耳，又称白木耳、雪耳、银耳子等，味甘、淡，无毒，既有补脾开胃的功效，又有益气清肠、滋阴润肺的作用。既能够增强人体免疫力，又可以增强肿瘤患者对放疗、化疗的耐受力。银耳富有天然植物性胶质，具有滋阴的作用，是可以长期服用的良好润肤食品。

新鲜安全这样挑

1　**看颜色**。买银耳并不是越白越好。太白的一般都是使用硫黄进行熏蒸的，所以应该选择白中略带黄色的银耳。

2　**闻味道**。干银耳如果被特殊化学材料熏蒸过，会存在异味，凑在鼻子上闻会刺鼻。所以挑选木耳除了看颜色，还要闻闻是否有异味。

3　**看质感**。优质干银耳质感柔韧，不易断裂。

4　**看朵大小**。优质银耳花朵硕大，间隙均匀，质感蓬松，肉质比较肥厚，没有杂质、霉斑等。

5 **摸干湿**。质量好的银耳摸起来干硬。

6 **多浸泡**。若自己买到的银耳不能够辨别优劣，可以通过多次浸泡来去除含硫物质。因为硫黄熏蒸时产生的二氧化硫属于水溶性毒素，所以可以将银耳在温水中浸泡一个小时左右，反复浸泡3遍以上后再食用。

科学储存这样做

银耳一般都是干货，储存时只需放在干燥密闭的器皿中即可，将其置于干燥、通风的地方存放。若发现受潮，应及时取出晾干再放入器皿中，切忌在阳光下暴晒或用石灰吸潮。若是已经泡好的银耳，则只能将水分沥干，用保鲜膜包好放入冰箱保存了，但最多不能超过两天，否则会开始腐败。

1 银耳具有强精补肾、滋阴润肺、生津止咳、清润益胃、补气和血、强心壮身、补脑提神、嫩肤美容、延年益寿、抗癌之功效。

2 一定要注意银耳的质量，变质的银耳会引发中毒。

海带

黏黏滑滑营养更全面

海带属海藻类植物，是一种营养价值非常高的蔬菜，尤其是碘等矿物质的含量很高，同时还富含可溶性膳食纤维及海藻多糖，热量含量很少。研究发现，海带中所含的营养物质具有降血脂、降血糖、调节免疫、抗肿瘤、抗凝血、抗氧化、排铅解毒等多种生物功能。

新鲜安全这样挑

1 **看颜色**。挑选时不要以为绿油油的海带最好，其实褐绿色、土黄色的海带才是正常的。翠绿色的不要买，因为翠绿色的很可能是用色素浸泡过的。

2 **查质感**。一般海带摸上去会感觉黏糊糊的，褐绿色的海带黏性最大；墨绿色的经过了一系列的加工，几乎没有黏的感觉了；而经过化学加工的连韧性也很小了。另外，捆绑着的海带要仔细检查，选择没有枯叶、泥沙的，没有霉变、干净整齐的。

3 **闻味道**。如果是新鲜的，没有经过染色剂浸染的海带，海鲜味是特别浓厚的。反之，经过处理的或者漂染剂染色过的海带，海鲜味就要淡很多。如果出现了其他异味，海带的质量也要大打折扣。

4 **看有无白霜**。选海带时看其表面是否有白霜，有的话则是好海带，没有的质量不好。白霜是植物碱风化后产生的甘露醇，它是有营养价值的。

5 **看商标。**正规大商场的海带质量比较有保障，选择标有“QS”标志的。这样的海带经过了严格审查，比较安全。

6 **看清洗后结果。**买回的海带用清水清洗，如洗后发现水有异常的颜色，应立即退换，不要食用。如没有异常，泡发后就可以烹饪美味的海带了。

科学储存这样做

1 将海带洗好后捞起来，在太阳底下晒干放进干燥的地方储存即可。

2 将海带用剪刀剪成半尺左右的段，用水冲掉其表面杂质，再用淘米水泡上，待海带充分泡开之后，放入高压锅煮30分钟后放凉，切好装入保鲜袋中冷冻起来。

1 缺碘、高血压、高血脂、糖尿病、冠心病、骨质疏松、动脉硬化者可多食海带。

2 脾胃虚寒者、甲亢患者忌食海带；孕妇及乳母一般情况下可每周吃一次海带。

平菇

茹形整齐，
八分成熟的口味好

平菇是日常食用菌中最普通的一种。它质地肥厚，嫩滑可口，有类似牡蛎的香味。平菇无论是素炒还是制成荤菜，都十分鲜嫩诱人，加之价格便宜，实在是百姓餐桌上的佳品。平菇是很多人喜欢的一种菜，尤其是煲汤，简直是美味。

新鲜安全这样挑

1 **看表面**。仔细观察平菇的表面，要结构完整，闻起来没有发酸的味道，并且背面褶皱明显的。

2 **八分熟**。应选择菇形整齐不坏，颜色正常，质地脆嫩而肥厚，气味纯正清香，无病虫害，八成熟的鲜平菇。八成熟的菇菌伞不是翻张开的，而是菌伞的边缘向内卷曲。

3 **掂重量**。平菇中不应该含有太多的水分，特别沉的往往被不良商贩注了水，这样的平菇不仅营养流失严重，还特别不容易保存。

科学储存这样做

1 把购买后的平菇去蒂，先包一层纸，再放入塑料袋或保鲜膜中保存，可放置于一周左右。

2 把购买后的平菇去杂质，放在塑料袋中，可以扎几个孔，放于3℃~4℃的冷库中储藏，可保鲜7~10天。

1 平菇含有抗肿瘤细胞的硒、多糖体等物质，这些成分对肿瘤细胞有很好的抑制作用。

2 平菇对降低血胆固醇和预防尿道结石也有一定效果，对妇女更年期综合征可起调理作用。

3 平菇含有的多种维生素及矿物质可以改善人体新陈代谢、增强体质、调节自主神经功能等，故可作为体弱患者的营养品，对肝炎、慢性胃炎、胃和十二指肠溃疡、软骨病、高血压等都有益处。

香菇

干香菇与鲜香菇各不相同

香菇，又名香蕈、香信、香菌、冬菇、香菰，为侧耳科植物香蕈的子实体。香菇是世界第二大食用菌，也是我国特产之一，在民间素有“山珍”之称。它是一种生长在木材上的真菌，味道鲜美，香气沁人，营养丰富。香菇富含B族维生素、铁、钾、维生素D原（经日晒后转成维生素D），味甘，性平。主治食欲减退，少气乏力。香菇是一种人们常食用的食材，分干香菇和鲜香菇，那香菇应该如何挑选呢？

新鲜安全这样挑

1　**看外表**。选干香菇时，外形菇肉厚实，菇面平滑，大小均匀，菇褶紧实细白，菇柄短而粗壮，边缘内卷、肥厚，色泽黄褐或黑褐的为好，好菇表面会稍带白霜。生长霉菌的品质不好。

选鲜香菇时，菌盖、菌柄都得挑。优质鲜香菇要菇形圆整，菌盖下卷，菌肉肥厚、厚薄一致，菌褶白色整齐、干净干爽，菌柄短粗鲜嫩、大小均匀，用手捏菌柄有坚硬感，放开手后随即蓬松如故。用手触摸略带潮湿但不黏手、无霉变，颜色为黄褐色。用水润湿而发黑的，用手一摁就破碎的，品质不好；若菌盖表面色深黏滑、菌褶有褐斑的不宜食用。

2　**闻气味**。优质香菇具有浓郁的、特有的香菇香气，且香气大；无香味或有其他怪味、霉味的品质差。

3　**看干湿**。干香菇要干燥，含水量以11%~ 13%为宜，但不能太干，一捏就碎的品质不好。

科学储存这样做

1　干燥储存。香菇易吸水，在空气中易发生霉变，所以必须干燥后才能储存。储存时，向储存容器内放入适量块状石灰或干木炭，以防返潮。

2　低温储存。将香菇放在低温通风处或置于密闭容器后放入冰箱中储存。

香菇多糖能够提高机体免疫功能、延缓衰老、防癌抗癌、降血压、降血脂、降胆固醇，香菇中的有效物质还可以对糖尿病、肺结核、神经炎等起到辅助治疗作用，又可用于消化不良、便秘等。

茶树菇

菌褶均匀，
外表茶色的为最好

茶树菇味道鲜美，用作主菜、调味均可，具有美容、滋阴壮阳之功效，对肾虚、尿频、水肿、风湿有独特疗效，对癌症、衰老、小儿低热、降压、尿床有辅助治疗功能。

新鲜安全这样挑

1 **看菌盖。**选购时，菌盖应表面平滑，有浅皱纹，直径5~10厘米，颜色呈暗茶褐色。

2 **看菌褶。**选购时，菌褶应排列均匀，颜色呈浅褐色的为好。

3 **看菌柄。**选购时，看茶树菇菇柄，好的菇柄只有食指的四分之一至三分之一大，越大质量越不好，也就越老。

4 **看色泽。**茶树菇以茶色为最好。

科学储存这样做

新鲜的茶树菇在低温冰箱中可保鲜15天以上；干的茶树菇宜在干爽、低温处储藏，用塑料袋或密闭容器可保质两年。若保存期间受潮变软，可用微波炉等烘干。

茶树菇与猪肉或者鸡肉同食，不但营养搭配合理，还有助于增强体质，保持良好的免疫力。

口蘑

白色最受欢迎

口蘑又称双孢菇，是生长在蒙古草原上的白色伞菌属野生蘑菇，一般生长在有羊骨或羊粪的地方，味道异常鲜美。

新鲜安全这样挑

1 **看菌盖**。菌盖应肥厚，盖面干燥，直径2~5厘米。

2 **看菌褶**。菌褶应排列较密，颜色呈浅褐色。菌褶仍处封闭状态的口蘑比较新鲜，菌褶外露的会比较老。

3 **看菌柄**。菌柄应短而粗壮，长度为1~3厘米。

4 **看颜色**。依外观颜色区分可分为4种，即白色、灰白色、淡黄色及褐色，其中以白色种最受市场欢迎，也是产量最多的一种。

贴心小叮咛

1. 口蘑是一种较好的减肥美容食品。它所含的大量植物纤维，具有防止便秘、促进排毒、预防糖尿病及大肠癌、减少胆固醇吸收的作用，而且它又属于低热量食品，可以防止发胖。
2. 口蘑性平，味甘温，有强身补虚之功效。还有防癌抗癌及提高人体免疫功能和健肤作用。
3. 一般人都适合食用，尤其适合癌症、心血管系统疾病、肥胖、便秘、糖尿病、肝炎、肺结核、软骨病患者食用。

鸡腿菇

菌褶稠密，
颜色呈白至浅褐色为佳

鸡腿菇，又名鸡髀菇、毛头鬼伞，因其形如鸡腿，肉质味道似鸡丝而得名。鸡腿菇营养丰富、味道鲜美、口感极好，经常食用有助于增进食欲、促进消化、增强人体免疫力，具有很高的营养价值。

新鲜安全这样挑

1 **看菌盖。**菌盖应是圆柱形，并沿着边缘紧紧包裹着，直径2~3厘米为佳，颜色呈洁白至浅褐色。不要菌盖长开的，长开的代表太老了。

2 **看菌褶。**菌褶应排列稠密，颜色呈白至浅褐色为佳。

3 **看菌柄。**菌柄长度应以8~12厘米为佳，颜色呈洁白的为好。

科学储存这样做

若数量不多，可将鸡腿菇根部杂物除净，放入淡盐水中浸泡10~15分钟，沥干水分后装入塑料袋，可保鲜一星期；若数量较多，可先将鲜蘑菇晾晒一下，放入非铁质容器内叠加贮存，注意每层菇之间洒一层盐，此法可存一年以上。

杏鲍菇

12~15厘米高的最好

杏鲍菇其肉质丰厚，口感脆嫩似鲍鱼，且具独特的杏仁香味，由此得名。杏鲍菇被称为平菇之王，营养价值较高，可以有效补充蛋白质，是夏季难得的菜品。在挑选杏鲍菇的时候应注意查看菌盖、菌褶及菌柄。

新鲜安全这样挑

1　**看长度**。挑选杏鲍菇时要看它的长度，一般我们公认12~15厘米的杏鲍菇是最好的，这个长度的杏鲍菇品相往往也比较好。

2　**闻味道**。好的新鲜的杏鲍菇有种特殊的淡淡的杏仁香味。

3　**看菌盖**。杏鲍菇的菌盖平展但边缘不会上翘，像一个小帽子，如果菌盖有开裂说明不新鲜，营养价值会有所减低。

4　**看菌褶**。菌褶排列紧密、向下延生，且边缘及两侧较平的杏鲍菇为佳。

5　**看菌柄**。菌柄组织致密、结实的较好，另外看菌柄是否颜色乳白光滑，如果颜色较暗、有破开处说明太老，过粗过细都不行，过粗说明太老，过细说明太嫩。另外需说明，杏鲍菇的基部较粗大，那是正常现象。

科学储存这样做

杏鲍菇在15℃条件下可以保鲜一周左右；如果放在2℃~4℃条件下，则可以保存半个月以上。保存前注意查看菇体是否完好，有伤口的话容易导致腐烂霉变。

金针菇

菌顶长开了的不能要

金针菇学名毛柄金钱菌，不含叶绿素，不进行光合作用，完全可以在黑暗的环境中生长。金针菇是秋冬与早春栽培的食用菌，营养丰富，特别适合作为凉拌菜和火锅的上好食材，深受广大群众喜爱。此外，金针菇对人体有很好的作用，如降低胆固醇含量、缓解疲劳、抑制癌细胞、提高身体免疫力等。

新鲜安全这样挑

1 **看颜色。**南方有黄色的金针菇，呈淡黄至黄褐色；北方一般为白色金针菇，呈乌白或乳白色。无论哪种，都应当颜色均匀、无杂色。

2 **看形状大小。**长约15厘米左右，且菌顶呈半球形的较好，菌顶长开的就说明老了。

科学储存这样做

将金针菇的根部剪掉，在淡盐水中浸泡十分钟，沥干后放入冰箱冷藏保存，可保存一周左右。

1. 金针菇性寒，脾胃虚寒、慢性腹泻的人应少吃。
2. 金针菇富含膳食纤维，适合肥胖人群、高脂血症患者和便秘者选用。
3. 金针菇中含锌量比较高，同时也含有较多的赖氨酸，有促进儿童智力发育和健脑的作用。

红薯

好吃也要悠着吃

红薯，又名山芋、地瓜、甘薯等，富含蛋白质、淀粉、果胶、纤维素、氨基酸、维生素及多种矿物质，有“长寿食品”之誉，有抗癌、保护心脏、预防肺气肿、控制体重等功效。红薯一般分黄瓤红薯和白瓤红薯，红薯体形较长，皮呈淡粉色的属黄瓤红薯，煮熟后瓤呈红黄色，味甜可口；红薯体形比较胖，表皮呈深红色或紫红色，煮熟后瓤呈白色，属白瓤红薯，味道甜而面。红薯可煮着吃，也可以烤着吃。那么，如何挑选优质的红薯呢？

新鲜安全这样挑

1 **看外表**。选购时，一般要选择外表干净、光滑、形状均匀的红薯。若红薯表面有瘢痕，则不宜买，因为易腐烂，不易保存；若表面有凹凸不平或发芽的情况，说明该红薯已经不新鲜了，最好不买；若表面有腐烂状的黑色小洞，说明该红薯内部已经腐烂，不能购买了。

2 **看形状**。要选择类似纺锤形形状的红薯，表面坚硬并且透着光亮的较好。

科学储存这样做

1 红薯买回来后，可放在外面晒一天，保持它的干爽，然后放到阴凉通风处即可。

2 也可以用报纸包裹放在阴凉处，这样大约可以保存3~4个星期。不过，用报纸包起前也要先将红薯摊在报纸上晒晒太阳，然后再包起来保存，这样可增加红薯的甜度。如果条件允许，可以将红薯用报纸包起来，放在冰箱保鲜室，这样红薯保存时间会更长，而且不会发芽。

1. 红薯可以作为主食，用来代替正餐的部分米、面等。也可以用来作为加餐，当零食吃。注意，不要食用带有黑斑的红薯和发芽的红薯，以免中毒。
2. 红薯不宜生吃、多吃，因为红薯所含淀粉较多，容易刺激胃液分泌，吃多会引起烧心、腹胀、打嗝、吐酸水等。所以一次吃得不要太多，而且应和米面搭配着吃，并配以咸菜或喝点菜汤，这样就能避免腹胀和泛酸等现象。
3. 烤红薯最好不要连皮吃，因为红薯皮含有较多的生物碱，食用过多会导致胃肠不适，尤其是有黑色斑点的红薯皮更不能食用，会引起中毒。
4. 腹泻、糖尿病、胃溃疡及胃酸过多的患者不宜食用红薯。胃病患者不能吃得太多，以免胃胀。
5. 红薯尽量不要空腹吃，不要和过甜的食物同食，中老年人可适当吃些红薯馒头。
6. 另外，红薯一般都是越放越甜，所以买回来的红薯最好放些日子，这样等到红薯里的糖分得到充分积累，煮熟后会格外甜。

山药

非常好的中药材

山药原名薯蓣，性味甘、平、无毒，入肺、脾、肾经。《本草纲目》中说山药有补中益气、强筋健脾等滋补功效，主治脾胃虚弱、倦怠无力、食欲不振、久泻久痢、肺气虚燥、痰喘咳嗽、肾气亏耗、腰膝酸软、下肢痿弱、消渴尿频、遗精早泄、带下白浊、皮肤赤肿、肥胖等病证。

新鲜安全这样挑

1 **看重量**。挑选时可掂一下重量，大小相同的山药，较重的更好。

2 **看须毛**。同一品种的山药，须毛越多的越好。须毛越多的山药口感更面，含山药多糖更多，营养也更好。

3 **看横切面**。山药的横切面肉质应呈雪白色，这说明是新鲜的，若呈黄色似铁锈的切勿购买。

4 **看是否受冻**。山药怕冻、怕热，冬季买山药时，可用手将其握

10分钟左右，如山药出汗就是受过冻了。掰开来看，冻过的山药横断面黏液会化成水、有硬心且肉色发红，质量差。

科学储存这样做

若要短期保存山药，可以将买回的山药去皮切块后按照每次的食用量用塑料袋进行分装，分装后立即放入冰箱下层进行极速冷冻，食用时无须解冻；若要长期保存，则可以使用如下方法。

1　常温通风保存法。在保存时不要用报纸或塑料袋装山药，将它们散开放置。这种方法一般可以保存3~6个月。

2　米酒浸泡法。将山药折断，然后将切口处用米酒进行浸泡，使伤口愈合，然后用餐巾纸包好放在阴凉处，如此可保存数月左右。但这种方法不常使用，因为若运用不好，会影响山药的口感和品质。

3　冰箱冷藏法。放在1℃~4℃的温度下可保存半年。

1　烹饪山药时，山药遇到铁锅会变黑，为了防止山药变色，可以先将山药带皮用蒸锅或微波炉加热一分钟。

2　山药有收涩的作用，所以大便燥结者不宜多食用，另外有实邪者忌食山药。

3　如果表面有异常斑点的山药绝对不能买，因为这可能已经感染过病害。

苦瓜

越苦越健康

苦瓜别名凉瓜，属于葫芦科苦瓜属。它的营养价值很高，含有丰富的维生素、矿物质、微量元素等，还含有多种氨基酸以及果胶等营养成分。苦瓜富含膳食纤维和维生素C，其中苦瓜素等成分具有抗肿瘤、控制血糖和提高人体免疫力等功效。中医学认为，苦瓜有解邪热、解劳乏、清心明目的功效，对中暑发热、烦热口渴、湿热痢疾等都有防治作用。

新鲜安全这样挑

1 **看果瘤**。苦瓜身上一粒一粒的果瘤是判断苦瓜好坏的基准，颗粒愈大愈饱满，表示瓜肉愈厚；颗粒较小，瓜肉相对较薄。

2 **看颜色**。大家挑选的时候应当挑翠绿色外皮的苦瓜，这种是比较新鲜的。而有些发黄了的苦瓜则是生长过头了的，吃起来没有苦瓜应有的口感，会发软，没有脆实的感觉。

3 **看成熟度**。买苦瓜时以幼瓜为好，过分成熟的稍煮即软烂，吃不出其风味。如看上去果肉晶莹肥厚，末端带有黄色者为佳，整体发黄者不宜购买。

4 **看重量**。挑选苦瓜的重量时应以500克左右为标准。这样的苦瓜果肉厚、口感好，苦瓜里面的汁液也会比较的充足。不建议大家挑选较小的苦瓜，因为会很苦的。此外，挑选的时候要选择较沉并且外形较直的。

5 **看纹路**。挑纹路密的，这样的苦瓜苦味浓，苦瓜素也就多；而纹路宽的苦味较淡。

科学储存这样做

苦瓜不宜长时间存放，建议大家现买现吃。若必须要保存时，可将完整的苦瓜用纸类或保鲜膜包裹储存。放入温度12℃~13℃、相对湿度85%左右的冷库内保存，可保存较长时间。

1. 低血压、低血糖、脾胃虚寒、缺钙者，儿童以及孕妇不宜多吃苦瓜。
2. 苦瓜可与青椒、茄子、鸡蛋、肉类相搭配食用。

丝瓜

嫩绿细长有光泽是首选

丝瓜又称胜瓜、菜瓜，为夏季蔬菜。丝瓜的种类较多，常见的丝瓜有两种：线丝瓜和胖丝瓜。丝瓜成熟时里面的网状纤维称为丝瓜络，可以用来洗刷灶具及家具。丝瓜是很有营养的蔬菜，浑身都是宝，吃丝瓜对身体很有好处。那么如何才能挑选到好的丝瓜呢，下面就跟大家分享一下挑选丝瓜的方法。

新鲜安全这样挑

1 **看形状**。购买时要选择形状规则、外形匀称的，两头一样粗，不要选瓜身局部肿大的。

2 **看表皮**。看看表皮有没有腐烂破损，最好有花，带花的丝瓜一般比较新鲜。摸摸丝瓜的外皮，挑外皮细嫩些的，不要太粗，不然丝瓜很可能已老，有一颗颗的种子。

3 **看纹理**。纹理细小均匀的是比较嫩的，纹理很清晰的比较深的是比较老的。

4　**用手摸**。摸一下丝瓜，丝瓜有弹性的是新鲜的，无弹性的不新鲜，太软的也不新鲜。

5　**看色泽**。新鲜的丝瓜颜色为嫩绿色，有光泽；老的丝瓜表皮无光泽且纹理会产生黑色。

6　**掂重量**。把丝瓜放在手里掂量掂量，感觉整条瓜有弹性的比较好；用手指稍微用力捏一捏，如果感觉到硬硬的就千万不要买，硬硬的丝瓜非常有可能是苦的。

科学储存这样做

1　不要洗，用塑料袋装好，在袋子上留几个孔，平放在通风口地上，室内湿一些更好，尽量不要重叠，可放半个月。

2　用报纸将丝瓜包起来，放进塑料袋中绑起来，冷藏即可。

3　丝瓜也可晒干保存。

1　丝瓜有很好的药理作用。丝瓜子性寒，味苦微甘，有清热化痰、解毒、润燥、驱虫等作用；丝瓜络性平味甘，以通络见长，可以用于产后缺乳和气血瘀滞之胸胁胀痛；丝瓜花性寒，味甘微苦，有清热解毒之功，可用于肺热咳嗽、咽痛、疔疮等；丝瓜藤可舒筋活络、祛痰；丝瓜藤茎的汁液具有美容祛皱的特殊功能；丝瓜根可消炎杀菌、去腐生肌。

2　一般人都可吃丝瓜，月经不调、身体疲乏者宜多吃。

2 安全买水果篇

西瓜

轻敲瓜皮，声音清脆则瓜好

夏天最值得庆祝的一件事情就是可以爽快地吃瓜。西瓜堪称“瓜中之王”，不仅爽口、解渴，还能清热解暑、生津止渴、利尿除烦，有助于治胸膈气壅、满闷不舒服、小便不利、口鼻生疮、暑热、中暑、酒毒等症。西瓜皮还可以做菜、入药等。

新鲜安全这样挑

1 **看形状。**一般瓜形匀称的西瓜，生长正常，质量好；畸形的，生长不正常，质量差。

2 **看表皮。**瓜皮表面光滑、花纹清晰、纹路明显的是熟瓜；瓜皮表面有绒毛、光泽发暗、纹路不清的是不熟的瓜。

3 **听声音。**用一只手托着西瓜，用另一只手的手指轻轻地弹瓜或五指并拢轻轻地拍瓜，如果听到“嘭嘭”的声音，表明西瓜熟得正好；听到“当当”的声音，表明西瓜还不是很熟；而听到“噗噗”的声音，则表明西瓜过于熟了，也就是我们常说的“娄瓜”。

4 **看两端。**西瓜的两端匀称，脐部和瓜柄的部位凹陷较深、四周饱满的是好瓜；脐部和瓜柄部位比较平的瓜口感一般；脐部和瓜柄部位有尖有粗的瓜不好。

5 **掂重量。**同样大小的两个西瓜，熟得好的那个比较轻，有下坠感、很沉的是生瓜。

6 **摸表皮**。摸西瓜的表皮，紧实柔滑的是好瓜，表面黏涩的就不要挑选了。

科学储存这样做

1 西瓜最好放在室温下，因为此时西瓜中所含的番茄红素和β-胡萝卜素比冰镇西瓜要分别高出40%和139%，而这些营养要素是具有抗癌作用的抗氧化剂的组成成分。

2 如果已经切开，则用保鲜膜包好切面，放冰箱保存。如果没有冰箱，用保鲜膜裹上可以存放一天左右。

1 西瓜汁具有很好的美容功效。每天化妆之前把滤好的西瓜汁当作化妆水使用，坚持下去可使脸色更佳，适合敏感肤质。用剩的西瓜汁可在冰箱内保存3天不变质。

2 西瓜虽美味，但却有着许多禁忌：西瓜不宜多吃，变质的西瓜不能吃，饭前饭后不宜吃，切开时间过久不宜吃，冰西瓜少吃，糖尿病患者、肾功能不全者、感冒初期、口腔溃疡患者应少吃或不吃，产妇不应多吃。

3 西瓜皮可以去油污。

安全不安全

“打针西瓜”是几乎年年出现的老梗

每年西瓜快要上市之前，就会出现各种“打针西瓜”的报道，还有数吨“毒西瓜”流入各地市场、民众当街怒砸几顿“问题西瓜”等等的新闻瞬间出现，“主角”西瓜不是被“注入”膨大剂，就是被“打了”甜味剂、色素，专家们也只好每年不辞辛苦地向公众辟谣，如果注入如谣言中所说的药剂，西瓜很快就会腐败发臭，还如何售卖呢？

橙子

果脐越小，口感越好

橙子，又叫金环、黄果，是世界四大名果之一，是柚子与橘子的杂交品种，根据果实的形状和特点，可以分四个品种，分别是普通甜橙、糖橙、血橙、脐橙。橙性微凉，味甘、酸，不仅具有生津止渴、开胃下气的功效，还适用于食欲不振、胸腹胀满作痛、腹中雷鸣以及溏便或腹泻。

新鲜安全这样挑

1 **看重量**。挑选时，若是相同大小的两个橙子，应选择较重的那一个，因为较重的说明水分含量较高。这个规律适用于很多种食物的挑选。

2 **看大小**。挑选时注意，并不是越大的橙子越好，橙子个头越大，靠近果梗的地方就越容易失水，吃起来口感欠佳，以中等个头为宜。

3 **看长度**。橙子并非越圆越好吃，身形长的橙子更好吃。

4 **看皮孔**。挑选时用手摸一下橙子的表皮，表皮皮孔较多、手感粗糙的为优质的橙子，相反皮孔少、相对光滑的为劣质橙子。

5 **捏橙子皮**。购买时捏一下橙子，捏起来有弹性的说明皮薄，水分多；皮硬的无弹性，口感不佳。

6 **观颜色**。购买时，可用白纸擦一下橙子，如果是染过的橙子，一擦就会褪色。

7 **看肚脐**。买橙子时最常用的一个方法就是看肚脐，肚脐较小的橙

子较好，太大的话，水分会很少。

8 **看颜色**。市场上脐橙较多，颜色红一些的橙子说明成熟的比较好，口感会比较甜，但要根据个人口味以及品种来挑选。

科学储存这样做

1 可以用保鲜袋装起来，放在通风的地方，保持室内温度6℃～20℃，以8℃～10℃为好。

2 找点儿小苏打，用水溶解，用苏打水把橙子一个一个洗一遍，然后将橙子上的水自然晾干，使苏打水在橙子外层形成保护膜，放进塑料袋中，最后将袋子封口，千万不要让空气进入袋子。这种方法可以让橙子保存较长时间，3个月都没什么问题。

1 正常人饭后食橙子或饮橙汁，可解油腻、消积食、止渴、醒酒，饭前或空腹时不宜大量食用，对胃不利。

2 过多食用橙子这类柑橘类水果会引起胡萝卜素蓄积，出现手、足乃至全身皮肤变黄，医学上称为“胡萝卜素血症”，一般不需治疗，只要停止食用这类食物即可好转。

苹果

苹果身上有条纹或
麻点越多的越好

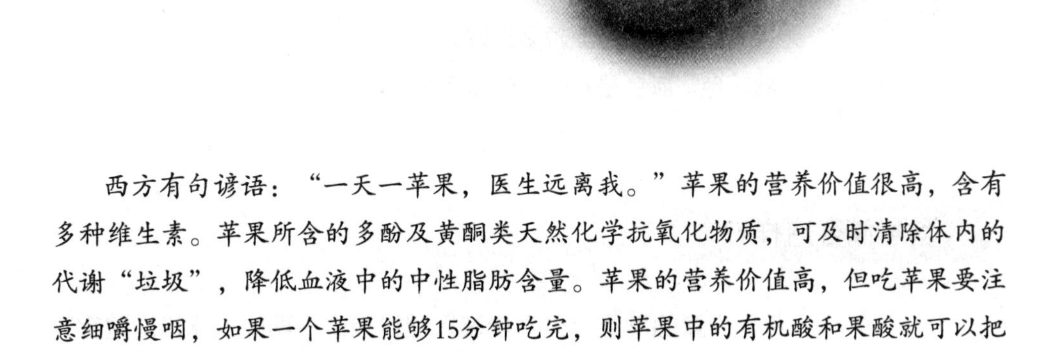

西方有句谚语："一天一苹果，医生远离我。"苹果的营养价值很高，含有多种维生素。苹果所含的多酚及黄酮类天然化学抗氧化物质，可及时清除体内的代谢"垃圾"，降低血液中的中性脂肪含量。苹果的营养价值高，但吃苹果要注意细嚼慢咽，如果一个苹果能够15分钟吃完，则苹果中的有机酸和果酸就可以把口腔中的细菌杀死。因此，慢慢地吃苹果，对于人体健康更有好处。

新鲜安全这样挑

红富士

1 **掂重量**。购买时，把苹果拿在手里掂一下，有坠手的感觉，说明水分足、口感好。

2 **看表皮**。购买时，看苹果身上是否有条纹，条纹越多越好。

3 **看果柄**。购买时，看苹果柄是否有同心圆，由于日照充分，有果柄的比较甜。

4　**看颜色**。苹果是越红，越艳的好。

秦冠苹果

1　看大小。购买时，挑大小匀称的（最好是中等大的）。

2　看手感。用手按下苹果，按的动的就是甜的，按不动的就是酸的。

3　看颜色。颜色要均匀。

黄元帅苹果

1　看颜色。购买时，挑颜色发黄的，麻点越多越好。

2　看重量。用手掂量一下苹果，轻的比较绵，重的比较脆。

黄香蕉苹果

1　看表皮。表皮麻点越多越好。

2　看颜色。颜色是青的，略微泛黄的好。

科学储存这样做

若是少量的苹果，可直接装入塑料袋中，再放入冰箱冷藏室即可，保存时注意保持干燥、低温；若是大量的苹果，可以用纸箱、木箱、坛等容器来贮藏，所用容器必须擦干，并用白酒涂擦坛、缸等容器内壁，或放入半瓶白酒（用量可根据贮藏的多少来定，瓶口敞开）。苹果买来之后要先放在阴凉处摊放几天，然后分层放入容器内，装好后喷洒白酒（根据贮藏不同喷洒50~150克不等），最后用棉絮盖上，再盖上一层塑料布封口，可随吃随取，这样可储藏半年以上。

1. 经常食用苹果，可以有助于防止胆固醇升高和控制血压、预防癌症、强化骨骼、抗氧化、消除黑眼圈、控制体重等等。
2. 市场上的苹果皮一般会打蜡，最好削皮后再吃。
3. 溃疡性结肠炎、腹泻的患者不宜吃苹果；肾病、糖尿病患者应慎吃苹果；平时有胃寒症状者少食苹果。
4. 苹果可以与任何普通食物搭配食用。

榴莲

捏相邻尖刺，
轻松能靠近的成熟度高

榴莲，是热带著名的水果之一，传说明朝时期，郑和率船队下南洋，由于出海时间太长，船员们思乡心切，乡愁浓郁，归心似箭。有一天，郑和在岸上发现一种奇异果子，就带回几个同大伙一同品尝，许多船员吃后对这种水果称赞不已，竟把思乡的念头一时淡化了。有人询问郑和这果子叫什么名字，郑和随口答道："流连"，榴莲与流连同音，于是后人将它称为"榴莲"，意在表达一种思乡之情。

新鲜安全这样挑

榴莲闻起来臭，吃起来香，爱吃榴莲的人特别多，爱吃榴莲却因不会挑而烦恼？其实，挑榴莲的方法并不难，从几个方面入手，很轻松就可以掌握！

1　**捏尖刺**。购买时，在榴莲上选两根相邻的尖刺，用手捏住尖刺的尖端，稍稍用力将它们向内捏拢，如果比较轻松就能让它们彼此

"靠近"，就证明榴莲较软，成熟度也比较好；如果感觉手感非常坚实，根本就无法捏动，就证明榴莲比较生。

2 **看大小**。一般来说，体型比较大的榴莲成熟度会好一些。

3 **看颜色**。从外壳的颜色来看，成熟的好榴莲呈较通透的黄色，如果青色比较多，则证明不够成熟。

4 **闻气味**。成熟榴莲的气味香浓馥郁，常吃的人一闻便知；如果闻到榴莲有一股酒精的味道时，就千万不要购买了，这样的榴莲肯定已经变质了。

5 **看开裂度**。如果你要挑选外壳已经裂口的榴莲，那最好选择刚刚开始裂口的，因为如果早已裂口，那暴露在外的果肉就容易受到污染，也容易变质。

6 **看外观**。挑选时，观察榴莲外面的尖刺，尖刺越多，说明果肉越多。如果榴莲上多为平缓的、底面较大的椎形尖刺，证明榴莲果肉较多，成熟度较好；反之，如果尖刺多为又尖又细的形状，就证明果实不太成熟。另外，还可以看果柄，果柄粗壮而新鲜的证明它营养充足，且品质新鲜。

7 **摇一摇**。双手将榴莲小心地拿起来，用手轻轻摇晃榴莲，如果感到里面有轻轻地碰撞的感觉，或稍稍有声音，则证明果肉已成熟并脱离果壳，这样的榴莲，就是成熟的好榴莲。

8 **触摸**。若是购买剥好的榴莲肉，可以用手指轻轻地按一下果肉，如果太硬说明没熟，如果一按陷下去了说明熟过头了，能按动，但是不会陷下去的为最佳。

科学储存这样做

1 吃榴莲的时候，最好可以保留一些果壳，将吃剩的榴莲同壳包好，再用报纸包住，放在室内阴凉处或冰箱冷藏室内，如此可保存3天左右。

2 保存时，也可以将榴莲的果肉剥出，用保鲜袋或保鲜盒密封，放入冰箱的冷冻层即可。

1. 中医学认为，榴莲有大补的功效，病后体弱以及产后的妇女，可适当多吃。此外，榴莲具有活血驱寒的功效，对胃寒及痛经妇女有缓解作用。
2. 肥胖人士宜少食，因为榴莲中含有较高的热量及糖分；肾病及心脏病患者宜少食，因为榴莲中含较高的钾；气热体质、阴虚体质不适宜多吃榴莲；糖尿病、心脏病和高胆固醇血症患者不应食用；榴莲果汁黏稠，易阻塞咽喉，因此老人应少吃、慢吃。
3. 如果挑选到比较成熟又刚刚开口的榴莲，那最好回到家后尽快享用，不要再长时间放置，否则容易变质。

石榴

果嘴合拢，
皮色粗糙的为甜石榴

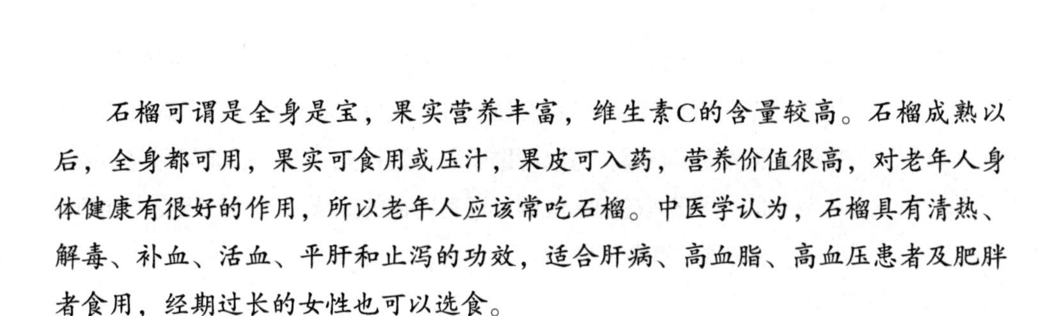

石榴可谓是全身是宝，果实营养丰富，维生素C的含量较高。石榴成熟以后，全身都可用，果实可食用或压汁，果皮可入药，营养价值很高，对老年人身体健康有很好的作用，所以老年人应该常吃石榴。中医学认为，石榴具有清热、解毒、补血、活血、平肝和止泻的功效，适合肝病、高血脂、高血压患者及肥胖者食用，经期过长的女性也可以选食。

新鲜安全这样挑

1 **看品种**。市面上最常见石榴分三种颜色，红色、黄色和绿色。有人认为颜色越深越好，其实不像苹果和一些水果的挑选法，石榴因为品种的关系，一般是黄色的最甜。

2 **看光泽**。若石榴光滑有光泽，说明是新鲜的；若表面有黑斑，说明已经不新鲜了，但若石榴上只出现一点点黑斑，则不影响其质量，大范围的黑斑才说明石榴不新鲜。

3 **掂重量**。差不多大的石榴，越重越好，因为熟透的石榴水分比较多。

4 **看石榴皮**。石榴皮绷紧的话，说明石榴很饱满；如果是松弛的，则代表石榴不新鲜了。

科学储存这样做

用报纸或纸巾分个包装石榴，放在冰箱冷藏柜里，可以保存3个月。

1. 口干舌燥、腹泻、扁桃体发炎者宜食；实热积滞者不宜食。
2. 经常食用石榴，可以帮助肌肤迅速补充水分；石榴花则有止血功能，且石榴花泡水洗眼，还有明目的效果；石榴的果皮中含有碱性物质，有驱虫功效。

猕猴桃

像小鸡嘴巴的为好

猕猴桃质地柔软，因猕猴喜食，故名猕猴桃；也有说法是因为果皮覆毛，似猕猴而得名。猕猴桃的营养价值较高，有“超级水果”之称，对爱美的女性来说更是不可多得的减肥食品。可是猕猴桃应该怎么挑？

新鲜安全这样挑

1. **看外表**。挑选时，一定要注意果实是否有机械损伤，凡是有小块碰伤、有软点、有破损的，都不能买。因为只要有一点损伤，伤处就会迅速变软，然后变酸，甚至溃烂，让整个果子在正常成熟之前就变软变味，严重影响猕猴桃的食用品质。
2. **看颜色**。挑选时买颜色略深的猕猴桃，接近土黄色的外皮，这是日照充足的象征，果肉也更甜。
3. **看形状**。选猕猴桃时一定要选头尖尖的，像小鸡嘴巴的，这种一般没有使用过激素或者用的很少；头像扁扁的鸭子嘴巴的猕猴桃是用了激素的，最好不买。
4. **看成熟度**。选购猕猴桃时，一般要选择整体处于坚硬状态的果实。凡是已经整体变软或局部有软点的果实，都尽量不要。如果选了，回家后要马上食用。因为猕猴桃和很多水果一样，一旦变软成熟，一两天内就会软烂变质。

科学储存这样做

由于一般买回来的猕猴桃都是较硬的，因此可将其直接放在阴凉处，如此可保存两个星期；也可将猕猴桃放入冰箱冷藏，可保存2~3个月，吃时可提前拿出来密封几天。

注意：不要将软的猕猴桃和硬的长期放在一起，不利于其长期保存；不可将猕猴桃放在通风口出，这样会使水分流失，猕猴桃会越来越硬。

1. 英国一次科学调查研究显示，5岁以下儿童最容易产生猕猴桃过敏反应，其症状表现为口喉瘙痒、舌头膨胀，严重者会呼吸困难、虚脱，但无死亡病例。所以，在给儿童喂食猕猴桃时要格外小心。
2. 猕猴桃性寒，脾胃虚寒者应慎食，腹泻者不宜食。
3. 把猕猴桃和已经成熟的其他水果，如苹果、香蕉、西红柿等放在一起，水果散发出的天然催熟气体“乙烯”，就会传染猕猴桃，促进它变软变甜。
4. 猕猴桃可以在饭后吃，它含有的果酸可以帮助消化。

蜜柚

上小下大底部偏扁
平的皮薄而味甜

国产柚子中，比较常见的有沙田柚和琯溪蜜柚，进口柚子较常见的是葡萄柚。在盛产柚子的两广地区，人们根据柚子存放3个月而不失香味的特征，称之为“天然水果罐头”。沙田柚在市场上比较多见，而且苦味不重，更适合国人口味。而葡萄柚相对前两种柚子来说，苦味更重，但是却适合肥胖和饮食油腻者食用。

新鲜安全这样挑

1 **买大不买小**。同一品种的柚子，大的柚子比较饱满，味道好。

2 **买重不买轻**。同样大小的柚子，较重的水分含量大，买时可以分别称一下。

3 **买尖不买圆**。颈部较长的柚子皮多肉少，购买时应挑选上尖下宽、颈短、扁圆形、底部平的柚子。

4 **买黄不买青**。淡黄色或者橙黄色的柚子比青色的柚子要成熟的好。

5　**看表皮**。表皮细滑的柚子新鲜，表皮比较粗糙、太黄，或许是因为放置时间太长了。另外，用手按下表皮，较硬说明皮薄，较软说明皮厚，皮薄的好吃。

科学储存这样做

1　完好的柚子用保鲜膜包好，放于10℃~20℃凉爽通风处即可保存较长时间。

2　剥开后的柚子保存时，可将柚子从中间部分用刀沿着表皮周围切，只切皮，不切瓤，然后将柚子瓤用手扒出来，放到挖好的柚子皮中即可。

柚子属于含糖较低的水果，除适合一般人食用外，糖尿病患者在食用水果时也可以多选柚子，相比其他水果来说，柚子对血糖的影响较小。

橘子

表皮上油胞点
细密的酸甜可口

橘子味甘酸、性温，入肺。具有开胃、止咳润肺的功效，主要治疗胸膈胀气、呕逆少食、胃阴不足、口中干渴、肺热咳嗽及饮酒过度。橘子的种类很多，形状、颜色略有不同，但挑起来方法却差不多。

新鲜安全这样挑

1 **看颜色**。多数橘子的外皮颜色是从绿色，慢慢过渡到黄色，最后是橙黄或橙红色，所以颜色越红，通常熟得越好，味道越甜。不过，要注意的是，贡橘在成熟前采摘，果皮是青绿色的，但味道也不酸，但是红色的会更甜。另外，看看橘子蒂上的叶子，叶子越新鲜，也说明橘子越好。

2 **看大小**。橘子个头以中等为最佳，太大的皮厚、甜度差，小的又可能生长得不够好，口感较差。

3 **看表皮**。表皮光滑的橘子酸甜适中，而且上面的油胞点比较细密。

4　**测弹性**。皮薄肉厚水分多的橘子都会有很好的弹性，用手捏下去，感觉果肉结实但不硬，一松手，就能立刻弹回原状。

科学储存这样做

1　保存时，可以溶解少量苏打水，把橘子放入苏打水中浸一下，拿出来让它自然风干，再装进保鲜袋中保存即可，这样可以保存1~3个月。

注意：橘子不适合放入冰箱保存，易冻伤。

2　在箱或筐的底部垫上两张大报纸，再用剪裁好的报纸将每一个橘子包好，依次放入箱中，一层橘子隔一张报纸，最多五六层，太多易压坏。若橘子放干了，在水中浸泡24小时即可。

1　橘子多吃容易上火，每天最多吃两三个。

2　许多人吃橘子时喜欢将橘子瓣上的白色筋络扯掉再吃，其实这是比较不健康的吃法。橘络具有通络化痰、顺气活血的功效，不仅是慢性支气管炎、冠心病等慢性疾病患者的食疗佳品，而且对久咳引起的胸肋疼痛不适有辅助治疗作用。

3　刚刚剥下的橘皮为鲜皮，含较多挥发油，不具备陈皮的药效功能。所以，用鲜橘皮泡水，不但不能达到陈皮的药用效果，还会因挥发油的气味强烈，刺激肠胃。

火龙果

越重越胖的，
则越多汁越成熟

火龙果因为表面肉质鳞片和蛟龙外鳞相似而得名，尤其当火龙果光洁而巨大的花朵绽放的时候，香味传千里，深受人们的喜爱。而且完美的火龙果皮薄肉多，汁清甜，实在是一种相当美味的热带水果。

新鲜安全这样挑

1 **看颜色**。挑选火龙果时，火龙果的表面越红，说明火龙果熟得越好。绿色的部分要鲜亮，否则枯黄了说明火龙果不新鲜了。

2 **掂重量**。挑选火龙果时，要多掂量一下，多拿起几个比较一番，挑最沉最重的火龙果，这样的汁多、果肉饱满，非常好吃。

3 **看形状**。挑火龙果要选胖乎乎的、短一些的，不要选瘦而长的，那样的不甜，水分少，不好吃。

4 **看表皮**。挑选火龙果时，如果它的表皮越光滑，说明越新鲜，果

肉就会越好吃。

5 **看成熟度**。用手轻轻捏一捏，按一按，如果很软说明火龙果熟过了；如果很硬，按不动，说明火龙果还很生。挑选软硬适中的最好。

6 **看根部**。挑选火龙果之前先仔细观察它的根部是否有腐烂，新鲜好吃的火龙果根部不应该是有腐烂的。

科学储存这样做

用塑料袋将买来的火龙果包好，放在篮子里后，阴凉通风处或冰箱内冷藏即可。

注意：火龙果保存时间不宜过长（尤其是夏天），应尽快吃掉。

糖尿病患者，女性体质虚冷者，有脸色苍白、四肢乏力、经常腹泻等症状的寒性体质者不宜多食，女性在月经期间也不宜多食用火龙果。

桃子

果肉紧实，表皮粗糙些的更甜

中国是桃树的故乡，素有“寿桃”和“仙桃”的美称，因其肉质鲜美，又被称为“天下第一果”，适宜低血钾和缺铁性贫血患者食用。在中国传统文化中，桃子有着生育、吉祥、长寿的民俗象征意义，桃花象征着春天、爱情、美颜与理想世界。

新鲜安全这样挑

1 **看颜色**。挑选时注意，并不是颜色越红，桃子越好吃，成熟的桃子红色的地方斑驳，像水墨画印染的感觉。

2 **看大小**。尽可能挑选大小适中的桃子，过大的桃子内部或许已经裂开了，不宜购买。

3 **摸表皮**。用手摸桃子的表面，成熟且口感较好的桃子表面不是很光滑，会出现小坑洼或小裂口。

4 **闻味道**。成熟的桃子会散发出自然的清香，很多又大又红的桃子不一定会有这种香味，因为有可能使用了膨大剂或染色剂。

5 **掂分量**。挑选时，掂一下桃子的重量，差不多大小的桃子，较重的水分多，口感好。

6 **看软硬**。刚摘下来的新鲜桃子，果肉紧实，捏起来不会发软，可以延长存放时间。

7 **看桃毛**。新鲜的桃子表面都会有一层密集的小绒毛保护果实，如果表面毛少了或已经打湿了，说明已经不新鲜了。

科学储存这样做

1 先用50℃的水清洗桃子，因为50℃的水可以杀死桃子表面的细菌和虫子，又不会烫坏桃子。然后用毛巾把桃子擦干净，放在保鲜袋或塑料袋里，放入冰箱冷藏。保存时注意不要残留水分，因为长时间接触水分桃子易腐烂。

2 如果想要吃糖分没有流失的桃子，可直接在常温下储存，保存时注意不要让桃子受到阳光直射，不能放在温度过高的地方，可装在带孔的篮子里，既避免直射，又通风。

1 洗桃子时，可以先将桃子用水淋湿，抓一撮细盐均匀涂在桃子表面，轻搓几下，放在水中浸泡片刻，最后用清水冲洗几遍；或者桃子不要沾水，用干净的刷子在桃子表面刷一遍，再放入盐水中清洗；也可用碱水浸泡片刻，不用搓，桃毛就能掉下来。但是，最可口的营养吃法是放在冷水（10℃）中浸泡20分钟后食用，时间不能过长，否则会变淡而无味。

2 桃子性热，有内热生疮、毛囊炎、面部痤疮和痈疖者慎食；糖尿病患者少食。

葡萄

果粒饱满且颜色
鲜艳的酸甜可口

葡萄味甘微酸、性平，不仅美味可口，而且具有很高的营养价值。葡萄有滋阴补血、强筋健骨、通利小便的功效，是一种滋补性很强的水果，适用于妊娠贫血、肺虚咳嗽、心悸盗汗、风湿麻痹、水肿等症。葡萄的外观相差很大，品种繁多，颜色各异，如何挑选最好吃的葡萄可以说是一门学问。

新鲜安全这样挑

1. **看颜色**。挑选时观察葡萄的颜色，一般成熟度适中的果穗、果粒颜色较深、较鲜艳，如玫瑰香为黑紫色等。
2. **看表皮**。挑选时，新鲜的葡萄表面都会有一层白色的霜，手一碰就会掉；若没有白霜，说明该葡萄已经被很多人挑选过了。
   注意：绿皮的葡萄看不出白霜，这个方法不适用。
3. **闻气味**。品质好的葡萄味甜，有香气；品质差的葡萄无香气，具有明显的酸味。

4　**尝味道**。好的葡萄果浆多而且浓；差的葡萄果汁少或者汁多但味淡。选购时可以试吃整朵葡萄上最下面的葡萄，最下面一粒葡萄是最不甜的，如果该粒很甜，就表示整串葡萄都很甜。

5　**看外形**。新鲜的葡萄用手轻轻提起时，果粒牢固，落籽较少。如果果粒摇摇欲坠、纷纷脱落，则表明不够新鲜。

注意：红提葡萄要比其他品种的葡萄松散很多，不宜用此法鉴别。

科学储存这样做

买回来的葡萄不要用水洗，去掉坏的，用保鲜膜密封起来隔绝氧气，然后将葡萄放在冰箱或保鲜盒中，待吃的时候再拿出来洗。

1　清洗葡萄时，用剪刀将葡萄一个一个剪下来放入盆中，剪时留一点蒂，防止脏水渗进果肉中；然后在盆里接上清水，放入适量面粉，进行搅拌；最后用清水反复冲洗干净即可。

2　糖尿病、便秘、脾胃虚寒的患者不宜多吃，肥胖之人也不宜多吃。

青枣

防止青枣变“红枣”

青枣的种类繁多，营养丰富，古人有“日食三枣，长生不老”之说。鲜食肉质嫩脆多汁，甜度高，口感佳，风味独特，有“热带小苹果”“维生素丸”之美称。购买青枣时，无论怎么挑选，记住最重要的一点：看到已经变红了的青枣时，注意辨别是不是加入了糖精、催熟剂的青枣。那么，该如何辨别这种青枣呢？

新鲜安全这样挑

1 **看表皮**。新鲜的枣比较饱满，果皮上的褶皱会比较少，而且好的枣子表皮很光亮。

2 **看有无蛀虫**。枣的含糖量很高，很容易被虫蛀。挑选时，观察顶端有没有柄，有的话说明没蛀虫，没有且有小孔的话，就是被虫蛀过了，不宜购买。

3 **看颜色**。颜色越深，枣越甜。因为颜色越深，成熟度越高，也就

越甜。但是，由于现在出现很多无良商家，将还未成熟的青枣用催熟剂和糖精催熟出售给消费者，因此使人们在挑选时易上当受骗。其实，想要鉴别问题红枣很简单，捏开一个枣，枣肉和枣皮是分开的，从颜色上看枣肉的里层发青，外层是暗粉色，说明枣被小贩动过手脚了。

科学储存这样做

青枣一般没办法长时间储存，最好尽快吃掉，因为放的时间越长，枣会越来越红，最后坏掉。如果因为吃不完一定要储存的话，可以用保鲜袋装好，放在0℃~1℃的冰箱中保存，但也只能适时短时间存放。

1. 龋齿疼痛、下腹部胀满、大便秘结者不宜食用青枣。
2. 服用苦味健胃药及祛风健胃药时不应食用，服用退烧药时禁止服用。

草莓

体型、口味不断多样化的水果

草莓，外形呈心形，果肉鲜美多汁，是一种有浓郁芳香味道的水果。草莓营养价值很高，富含维生素C，能帮助消化，还可以美白、固齿、润喉、清口气。春季中人的肝火往往会比较旺盛，吃点草莓可以起到抑制的作用。此外，因草莓含大量果胶和纤维素，可促进肠胃蠕动，帮助消化，改善便秘，预防痔疮、肠癌等，所以最好在饭后吃。

新鲜安全这样挑

1 **看大小。**购买时，挑选大小一致的为好，尤其不要买个头很大的那种，个头大的草莓多是在种植中使用激素的。

2 **闻香气。**自然成熟的草莓会有浓厚的果香，而染色草莓没有香气，或是淡淡的青涩气味。

3 **看草莓上的籽。**如果草莓上的籽是白色的，就是自然成熟的；如果籽是红色的，那么就一定是染色的。

科学储存这样做

草莓不易保存，最好现买现吃。如果不小心买多了，那就吃多少洗多少，剩下的草莓不要沾水，用保鲜膜封好，放在冰箱里。草莓在0℃~10℃的环境下，可以保存2~3天。

一般人群均可食用草莓，风热咳嗽、咽喉肿痛、声音嘶哑者，夏季烦热口干、腹泻如水者宜食；癌症患者，尤其是鼻咽癌、肺癌、扁桃体癌、喉癌者宜食。另外，草莓可缓解胃口不佳，调理胃肠道和贫血，鲜草莓有助于醒酒。

安全不安全

被误解的草莓

由于草莓的品种多样，个头大小不一，有的品种个头和形状比常规的草莓大一些，有些人认为这是使用了膨大素的结果，这种判断并不科学。草莓的品种是影响其个头的主要因素，这是通过不断地杂交选育培养出的品种，在欧美地区受到消费者的喜爱。

还有报道称经检测，草莓中的农药乙草胺超标，长期大量食用这样的草莓可致癌。此新闻也引起了消费者的恐慌，大家都不敢购买草莓了。但一般情况下，乙草胺作为除草剂使用，到草莓成熟时已基本降解，不会有较高残留。另外，除草剂对草莓本身也有伤害，如果使用过量除草剂的话会杀死草莓苗。

山竹

蒂瓣越多越实惠

山竹含有一种特殊物质，具有降燥、清凉解热的作用，这使山竹能克榴莲之燥热。在泰国，人们将榴莲、山竹视为“夫妻果”。如果吃了过多榴莲上了火，吃上几个山竹就能缓解。山竹含有丰富的蛋白质和脂类，对机体有很好的补养作用，对体弱、营养不良者都有很好的调养作用。

新鲜安全这样挑

1 **看果蒂颜色。**挑选时，一定要注意叶瓣的颜色，山竹叶瓣的颜色越绿说明越新鲜，如果颜色变褐色或者变黑，说明这个山竹放置时间过长了。

2 **捏一捏果壳。**如果用大拇指轻轻按一下，果壳有弹性，按下去的地方能马上恢复，就说明是新鲜的。如果果壳硬得按不下去，那你就果断地把这个山竹放回原处吧。

3 **数底部蒂瓣。**通常，山竹底部的蒂瓣有4~8片，这个蒂瓣的片数与果肉的片数是一样的，蒂瓣越多，就说明果肉片数越多，果肉的片数越多，果核就越小，有的果核甚至可以直接吃。

4 **掂重量**。两个大小相近的，选择重量重一点的，说明水分多，新鲜；重量轻的，可能是风干了，不新鲜。

科学储存这样做

山竹极易变质，若想长时间保存，就要保证低温少氧。保存时放入保鲜袋中，尽量密封，放入冰箱冷藏，这样便可多放几天。

1. 一般人都可食用山竹，体弱、病后恢复者更适合，每天3个足够，多食会引起便秘。
2. 山竹含糖较高，因此肥胖者宜少吃，糖尿病患者应不食；它含钾较高，故肾病及心脏病患者少吃。
3. 中医学认为，山竹属寒性水果，所以体质虚寒者少吃尚可，多吃不宜，也尽量不要和西瓜、豆浆、啤酒、白菜、芥菜、苦瓜、冬瓜等寒凉食物同吃。

荔枝

果皮发紧且有弹性的荔枝质量好

荔枝与香蕉、菠萝、龙眼一同号称“南国四大果品”。荔枝因杨贵妃喜食而得名，使得杜牧写下“一骑红尘妃子笑，无人知是荔枝来”的千古名句。荔枝味甘、酸，入心、脾、肝经，可止呃逆、腹泻，同时有补脑健身、开胃益脾、促进食欲的功效。但由于荔枝性热，多食易上火，并可引起“荔枝病”。

新鲜安全这样挑

1 **看外表。**从外表看，新鲜荔枝的颜色一般不会很鲜艳，那种色泽极为艳丽不见一点杂色的荔枝，很可能是不良商贩人为处理过的。另外，如果荔枝外壳的龟裂片平坦、缝合线明显，味道一定会很甘甜。

2 **看顶尖。**顶尖偏尖的荔枝一般肉厚核小，那些顶尖偏圆的荔枝一般核比较大。

3 **捏软硬。**挑选时可以先在手里轻轻捏一下，好荔枝的手感应该发紧而且有弹性，如果手感发软或感觉荔枝皮下有空洞，那么，该荔枝或许已经坏了。

4　**看头部。**如果荔枝头部比较尖，而且表皮上的“钉”密集程度比较高，说明荔枝还不够成熟，反之就是一颗成熟的荔枝。

科学储存这样做

1　短期内要食用的荔枝，为了保存荔枝的色香味，可以把荔枝喷上点水装在塑料保鲜袋中放入冰箱，利用低温高湿（2℃~4℃，湿度90%~95%）保存。

2　在盛放荔枝的容器底部铺一层鲜艾草或鲜薄荷，然后再在荔枝表面铺一层艾草等，每天早中晚洒一些冰水，色泽可保鲜3天。

1　荔枝搭配红枣、绿豆汤、水产类食物，有很好的营养价值。注意：吃荔枝上火时可以喝适量的淡盐水或蜜糖水。

2　体质虚弱、病后津液不足、贫血、胃寒疼痛、脾虚腹泻、口臭者宜食；阴虚火旺体质者、糖尿病患者、出血病患者应忌食，长青春痘、生疮、伤风感冒或有急性炎症时也不宜多吃。

3　想剥出完整无损的荔枝，可用手在其表皮上的缝合线处捏一下，荔枝壳就自然裂成两瓣。

4　荔枝含糖量高达20%左右，大量进食荔枝又很少吃饭的话，极易引发突发性低血糖症。

芒果

颜色金黄，
果皮光滑的更香甜

芒果，原产印度，是著名热带水果之一，其果肉细腻，风味独特，营养丰富，深受人们的喜爱。芒果所含β-胡萝卜素成分特别高，它是维生素A的前体，具备很好的养生功能。芒果的品种特别多，比如鸡蛋芒、腰芒、象牙芒、贵妃芒等等。那么，该如何挑选芒果呢？

新鲜安全这样挑

1 **看颜色**。一般情况下，如果想要买还未成熟的芒果，可以挑选青绿色，外皮光滑的；如果想买已经成熟的，则应该选金黄色的。

注意：有一种芒果叫“红芒”，成熟后并不是金黄色，而是红色，所以这种芒果不适用此法。

2 **看外皮**。成熟的好芒果，外皮一般完好无损，皮上很干净，稍微带点小的黑点属正常现象，但要保证黑点很小，且没有扩散。

3 **看手感**。将芒果拿起来掂一下，如果拿起来感觉有分量、很充实，则是好的芒果；如果拿起来感觉果肉松动，则表明里面可能已经坏掉了。

4 **闻味道**。成熟的芒果都会有一股香味，特别是在芒果柄处。

5 **试吃**。这种方法要在有条件的情况下进行。好的芒果，果肉光滑，有香味，但还没成熟的芒果可能会有些酸味，若有异味，最好停止食用。

科学储存这样做

还未成熟的青芒果，耐寒性要比熟的更差，所以最好不要放入冰箱中保存。可以将青芒果用塑料袋装好，放进米缸里或避光阴凉的地方储藏。已经成熟的芒果可以用纸包起来，放在冰箱里或避光阴凉处保存，但冰箱保存更久。

1 芒果的汁液有一种成分对皮肤不好，所以吃时最好切成一小块一小块的，不要碰到皮肤和嘴唇，这样就可避免对皮肤的刺激。

2 芒果含糖量较高，糖尿病患者应慎食。

3 芒果属于易引发过敏的热带水果，从未吃过芒果的过敏体质者吃芒果时应慎重，可先吃少量观察，如无不良反应再吃。对芒果过敏者则应避免食用。

梨

清喉降火的良药

梨的外皮颜色一般呈现出金黄色或暖黄色，果肉则为通亮白色，鲜嫩汁多，口味甘甜，核味微酸，是很好的水果。另外，梨还是一种很好的药剂。梨的种类很多，市场上出售较多的有雪花梨、鸭梨、京白梨、砀山梨等。下面就来一一为大家介绍这几种梨的挑选方法。

新鲜安全这样挑

雪花梨

自然生长的情况下，雪花梨呈深绿色，果皮粗糙、较硬，套袋的雪花梨果皮细致光滑，绿色会变浅，套袋时间较早的话，会呈黄绿色。长在树顶的梨，果皮颈部可能会出现红褐色皮皱，这种雪花梨的品质相对较好。

砀山梨

砀山梨的颜色略青白，形状近方形，皮略厚，水分也较大。挑选时，色越青白 ，花脐处凹坑越深的质量越好些；而颜色铁青，花脐凹坑较浅的口味较差。另外，应挑选个大适中、果皮光洁、颜色艳丽、软硬适中、果皮无虫眼和损伤、气味芳香的梨。

京白梨

挑选时，应选择果皮全面呈黄白色的梨，因为这时候的梨已经完全熟了。另外，果肉呈淡黄白色的梨，肉质细软，汁特别多，味浓甜，品质上等。

鸭梨

在购买时要选择表面光滑，皮色白嫩，花脐处的凹坑深的梨。好鸭梨表皮很薄，皮嫩如纸，运输和保管中稍受碰撞就会出现瘪陷。而鸭梨中质量较差的品种则外表不白嫩，梨柄附近皮色深黄，花脐处的凹坑较浅，皮略厚，肉长得较坚硬，口味不佳。

科学储存这样做

若是少量的梨，可以用保鲜袋装起来，然后放入冰箱冷藏；也可以直接放在避光通风处保存。如果购买的数量较多，可以放在地窖冷藏。方法是：在地下挖一个洞窖，底部铺上塑料布，将梨直接放在塑料布上即可。

1. 梨可以清喉降火，解酒。
2. 中医学认为，梨属性凉多汁水果，脾虚便溏、慢性肠炎、胃寒病、寒痰咳嗽或外感风寒咳嗽者忌食。
3. 妇女生产之后忌食生梨。女子月经来潮期间以及寒性痛经者忌食生梨。

樱桃

晶莹剔透，
个大沉重的实惠

樱桃外表色泽鲜艳、晶莹美丽、红如玛瑙、黄如凝脂，以富含维生素C而闻名于世，是世界公认的“天然VC之王”和“生命之果”。樱桃性热、味甘，具有益气、健脾、和胃、祛风湿的功效，适用于四肢麻木和风湿性腰腿病患者的食疗。

新鲜安全这样挑

挑选樱桃的时候要选大颗、颜色深、有光泽、饱满、外表干燥、樱桃梗保持青绿的，避免买到碰伤、裂开和枯萎的樱桃。

科学储存这样做

樱桃非常怕热，需放置在零下1℃的冰箱里储存。新鲜的樱桃一般可保持3~7天，甚至10天，但不宜长期存放。

1. 中医学认为，樱桃性温，热性病及虚热咳嗽者忌食；上火、有溃疡症状者慎食。
2. 樱桃的含钾量较高，患有肾功能不全伴血钾高者不宜选食樱桃。血钾升高可影响心脏的正常节律，血钾过高时可导致心脏骤停，从而危及生命。

香蕉

好的香蕉手感
厚实且不硬

香蕉是一种常见的热带、亚热带水果，不但果肉甜滑，且具备相当好的养生功效，一直是主要水果消费品种之一。市面上香蕉品种繁多，怎样挑选到优质的香蕉，那就需要一定的方法和经验了。

新鲜安全这样挑

1 **看颜色**。一般好的香蕉带有金黄色，虽然有些香蕉部分带有青绿色，但这不影响香蕉的品质。然而，非常完美光泽的香蕉也不一定好，有可能是被催熟的。

2 **看外皮**。一般香蕉的外皮是完好无损的，如果有损烂会影响食用。不过香蕉的外皮有黑点还是比较正常的，只要没有烂的地方就好。

3 **看手感**。拿起香蕉掂一掂，好的香蕉手感比较厚实而不硬，成熟度刚好。太硬，则还没完全成熟；太软，已经成熟比较久了，

可能会影响口感。当您发现香蕉柄快要脱落，或者已经脱落的时候，这串香蕉可能已经成熟比较久了。

科学储存这样做

将吃不完的香蕉整串用清水冲洗几遍，然后用干净的抹布擦干水分，要保证表皮无残留的水分，最后用几张旧报纸将香蕉包起来，放到通风阴凉处保存即可。还有一种方法是直接将整串香蕉悬挂起来，这样也可延长保存时间。

注意：不要把香蕉放进冰箱冷藏，否则果肉会变成暗褐色，口感不佳。

1. 德国研究人员表明，香蕉可治疗抑郁和情绪不安，缓和紧张情绪，提高工作效率，降低疲劳。
2. 中医学认为，体质偏虚寒者不应食用香蕉。另外，香蕉含糖量较高，不宜作为糖尿病患者的备选水果。

杨梅

以颗粒饱满，
色泽稍黑为佳

杨梅营养价值很高，富含纤维素、矿质元素、氨基酸、果酸等营养元素，而且在生长过程中病虫危害较少，可以说是一种天然的绿色保健食品。杨梅能生津止渴，和胃消食，治疗烦渴、吐泻、痢疾、腹痛等，还可用来解酒。

新鲜安全这样挑

1 **看外表。**杨梅以颗粒饱满、色泽稍黑的为佳；果肉外表为圆刺的杨梅比较甜，而果肉外表为尖刺的杨梅稍微酸一些。

2 **闻味道。**新鲜的杨梅闻起来有清香味，如果是存放不当或存放时间较长的杨梅，则可能有一股淡淡的酒味，而且可能有出水现象，不宜购买。

3 **看颜色。**在挑选杨梅时应留意其颜色，如果颜色过于黑红可能是经过染色的，这时可以查看装杨梅的筐子是否有比较深的红色水印，如果筐子上有红色水印，一定不要购买。

4 **口感。**质量好的杨梅吃到嘴里汁多、鲜嫩甘甜，吃完嘴里没有余渣；质量比较差的杨梅比较干涩，入口汁少，吃完还有余渣。

科学储存这样做

1　可以将没有吃完的杨梅放入冰箱冷藏，但温度不宜过低。

2　若是想长期保存的话，可以将鲜杨梅洗干净，加少量盐水漂洗，然后放在糖水中浸泡一段时间，放入袋中密封后冰箱冷冻保存。

杨梅中可能会存在一些白色小虫，食用前可以把杨梅放到浓度较高的盐水中浸泡5~10分钟，这样能把虫子逼出来，不过要注意的是，最好不要先把杨梅放置在冰箱内，这样会使虫子死亡，而泡不出来。

木瓜

深受女性喜爱
的百益之果

木瓜色香味俱佳，有“岭南果王”之称，无论是作为水果还是煲汤，都是清心润肺佳品。木瓜深受女孩的喜爱，对减肥很有帮助，其内含有木瓜酶，促进乳腺激素分泌，但不等于可以丰胸。木瓜也分公母，肚子大的是母的，比较甜。

新鲜安全这样挑

1 **看外表**。挑选木瓜时，要选择外表全部黄透了的，这样表示熟透了，用手轻轻地按下，有点软的感觉，肯定很甜。若要煲汤喝，则应该买没有完全成熟的青皮木瓜。

2 **看瓜肚**。瓜肚大的木瓜瓜肉厚，吃起来爽口。

3 **看瓜蒂**。新鲜木瓜的瓜蒂会流出像牛奶一样的液汁，放了很长时间的木瓜瓜蒂呈黑色。

科学储存这样做

若是很青的木瓜，则可以将其直接放在阴凉干燥的地方，可储存一两个月以上，青木瓜不适合冷藏；若是有七八分熟的木瓜，则可以放在冰箱中冷藏，往往能保存半个月以上；若是熟透了的木瓜，冷藏保存的时间最好在10天以内。

1. 木瓜有两种，一种叫番木瓜，一种叫宣木瓜。作为水果食用的木瓜实际是番木瓜，是番木瓜科植物番木瓜的果实。原产中美洲，我国两广、云南、福建、台湾等地有出产。宣木瓜，又名木瓜、川木瓜，为蔷薇科落叶灌木植物。宣木瓜不能生食，只供药用。
2. 缺奶的产妇、风湿筋骨痛、消化不良、跌打扭挫伤、慢性萎缩性胃炎及肥胖患者宜食木瓜。

甘蔗

仔细观察是否霉变

甘蔗是一种很有营养的水果，铁元素含量丰富，而铁元素对女性缺铁性贫血有一定的治疗作用。因此，甘蔗也被人称为“补血果”。另外，甘蔗还是口腔的“清洁工”，它含有大量食物纤维，反复咀嚼时就像用牙刷刷牙一样，可以起到清除口腔细菌的作用。现代医学研究表明，甘蔗中含有丰富的糖分和水分，此外，还含有对人体新陈代谢非常有益的各种维生素、脂肪、蛋白质、有机酸、钙、铁等物质。

新鲜安全这样挑

1 **看粗细。**一般来说，甘蔗粗细要均匀，过细不能选，过粗一般也不建议，可以选择相对中等粗细的甘蔗。

2 **看颜色。**选择紫皮甘蔗时，皮泽光亮，挂有白霜，颜色越黑的越好。颜色越深说明甘蔗越老，甘蔗是越老越甜。

3 **看直不直。**挑选时看甘蔗直不直，甘蔗弯来弯去的可能有虫口，要挑选相对直的甘蔗。

4　**看节头**。选择节头少而且均匀的甘蔗，这样吃起来比较方便。

霉变甘蔗常常表面色泽不鲜，外观不佳，节与节之间或小节上可见虫蛀痕迹，闻的话往往有酸霉味或酒糟味。霉变甘蔗纤维粗硬，汁液少，有的木质化严重或结构疏松，纵剖后，剖面呈灰黑色、棕黄色或浅黄色，轻微者在纵向的纤维中可见粗细不一的红褐色条纹。

科学储存这样做

甘蔗没有削皮时，尾部不要把叶子剥干净，让其包住甘蔗身，竖起放置，根部放在水中(浸到2~3节位置)，存放于阴凉处。已经削皮的甘蔗最好马上吃掉，不要存放，存放超过3天可能会产生有毒物质引起中毒。甘蔗用塑料薄膜包裹得太严实，会造成厌氧菌繁殖，导致甘蔗腐烂。

中医学认为，甘蔗味甘性寒，脾胃虚寒、胃腹疼痛的人不宜多食。

安全不安全

“红心甘蔗”的真相

“红心甘蔗”是甘蔗病原菌从甘蔗刀口或虫孔侵染蔗茎引起，特别是在早春季节，气温逐渐上升，空气较潮湿，病原菌也开始迅速繁殖。病原菌侵入后，3～5天切口或伤口变红，随后向蔗茎两端侵染扩散，纵剖蔗茎可见内部组织变红色或红褐色，严重时会有酸味或酒糟味，红心变质的甘蔗不要食用。

山楂

轻松挑选酸甜
可口山楂

山楂是中国特有的药果兼用树种，山楂中含有维生素C、维生素B_2、胡萝卜素、果糖、苷类、黄酮类、山楂酸、齐墩果酸、熊果酸、鞣质等。这些物质具有降血脂、降血压、强心、抗心律失常等作用，同时也是开胃健脾、消食化滞、活血化瘀的良药。中医学认为，山楂对胸膈脾满、疝气、血瘀、闭经等症有很好的疗效。吃些酸甜可口的山楂，既补充了营养，还可健胃消食。山楂在冬天的时候可以做冰糖葫芦，在夏天的时候可以泡水开胃。

新鲜安全这样挑

1 **看外皮**。挑选山楂的时候要看看果皮上有没有虫眼，有没有裂口的地方，如果有裂口建议不要买。挑选时可重点看一下表皮上的果点，点多且密而粗糙的山楂比较酸，点少而光滑的比较甜。

2 **看颜色**。挑选时尽量选颜色较亮红的，这种是比较新鲜的，深红的是时间稍长一些的。

3 **看大小**。太小的山楂没有多少果肉可以吃，太大的山楂又怕太酸。建议挑选中小个头的山楂，味道会很不错的。

4 **看重量**。因为山楂本身不大，所以也没有多少分量，挑选时候可以用手感觉一下。

5 **看硬度**。山楂本身算稍硬的。挑选的时候如果有很软的，那么建议不要购买，因为已经坏了。

6 **看果形**。山楂扁圆的偏酸，近似正圆则偏甜。

7 **看果肉**。果肉呈白色、黄色或红色的山楂比较甜，绿色的则较酸。果肉质地软而面的较甜，硬而质密的偏酸。

8 **分产地**。产自山东、东北的山楂发酸，产自河北、河南的山楂酸甜适中。挑选时可以询问商家产地。

科学储存这样做

将山楂洗干净，用保鲜袋密封，最好不要残留空气，放到冰箱冷藏。

山楂果酸含量高，换牙期的儿童不宜多食山楂，会损伤牙齿，对儿童牙齿的生长发育造成不利影响。

菠萝

果目浅小，
肉厚芯细的为优质菠萝

菠萝，凤梨的俗称，是著名热带水果之一。菠萝几乎含有人体所需的所有维生素、16种天然矿物质，不仅解腻、助消化，还有止渴解烦、醒酒益气等功效。菠萝有如此多的好处，那怎样挑选菠萝呢？

新鲜安全这样挑

1 **看颜色**。成熟度好的菠萝表皮呈淡黄色或亮黄色，两端略带青绿色，上顶的冠芽呈青褐色；生菠萝的外皮色泽铁青或略带褐色。如果菠萝的果实突顶部充实，果皮变黄，果肉变软，呈橙黄色，说明它已达到九成熟。这样的菠萝果汁多，糖分高，香味浓，风味好。如果不是立即食用，最好选果身尚硬，表皮为浅黄带有绿色光泽，七八成熟的品种为佳。

2 **看外形**。优质菠萝的果实呈圆柱形或两头稍尖的椭圆形，大小均匀适中，果形端正，芽眼数量少。

3 **看硬度**。用手轻轻按压菠萝，坚硬而无弹性的是生菠萝；挺实而微软的是成熟度好的；过陷甚至凹陷的是成熟过度的菠萝；如果有汁液溢出则说明果实已经变质，不可以再食用。

4 **闻味道**。成熟度好的菠萝外皮上稍能闻到香味，果肉香气馥郁；浓香扑鼻的为过熟果，时间放不长，且易腐烂；无香气的则多半是带生采摘的，所含糖分明显不足，吃起来没味道。

5 **看果肉组织**。切开后，果目浅而小，内部呈淡黄色，果肉厚而果芯细小的菠萝为优质品；劣质菠萝果目深而多，内部组织空隙较大，果肉薄而果芯粗大；未成熟菠萝的果肉脆硬且呈白色。

科学储存这样做

没有削皮的菠萝可以直接在常温下、通风处保存，但时间不宜过长。切开的菠萝可以用保鲜膜包好，放在冰箱里，最好不要超过两天，吃时用盐水泡一下；也可以将菠萝直接放在盐水里浸泡，最多可保存24小时。

1. 菠萝入菜可以解油腻；菠萝加蜂蜜煎水服对缓解支气管炎的症状有帮助，但身体不适或有腹泻症状的人不宜这样食用。
2. 菠萝中有一种蛋白酶，如果直接食用，轻则刺激口腔黏膜，使人口唇发麻、发痒甚至红肿，重则出现腹泻、呕吐或头痛等症状。因此，吃菠萝前必须要用淡盐水泡。浸泡时间以半小时为宜。如果时间不够长，菠萝蛋白酶还没完全破坏，口腔皮肤幼嫩的孩子尤其容易发生过敏。但浸泡时间太长也不行，会造成营养过多流失，而且影响菠萝的口感。
3. 食用时可以把果肉煮沸、放凉再吃，煮沸后的菠萝整体口味比泡盐水后更柔和，加点糖放在冰箱里冻一冻更是好吃。一般吃100克左右为宜，最多吃半个。

柿子

最好不要空腹吃柿子

柿子是很多人喜爱的食品之一，吃法很多，可以将柿子催熟了吃，还可以用某种方式把柿子涩麻的味道消除之后吃，非常的香甜。柿子营养价值很高，所含的维生素和糖分比一般水果要高出1~2倍左右。

新鲜安全这样挑

1 **看颜色**。购买时，硬柿子要挑选带有青色的；软柿子要挑选表皮为橙红色的。

2 **看硬度**。挑选时，用手指按一按硬柿子的表面，感觉较硬朗的为很好的柿子；软柿子摸起来很柔软，但柿子上有硬有软的话则不佳。

3 **看表皮**。表皮鲜艳，无斑点、无伤疤、裂痕的柿子是好柿子。

4 **看体型**。选择柿子时，应选择体型规则、有点方正的柿子，不要选择表面畸形，局部明显凹凸的柿子。

5 **看时间**。如果想买马上就可以吃的柿子，可以买软柿，这种柿子在树上自然脱涩，皮薄，汁多，味甜，但这种柿子太松软，不便携带和贮存，存放时间也不长；如果想买放一段时间再吃的柿子，可选购生柿，放通风阴凉处可存放较长时间；如果想买能够吃上一段时间的柿子，可购买漤柿，它是生柿子采摘后用温水、石灰水、二氧化碳等方法脱涩后投放市场的柿子，果肉脆，味甘甜，可放一个月左右。

科学储存这样做

将柿子放入冰箱冷冻室保存，可保存半年之久，吃时解冻就可以了。

1. 不要在空腹或吃红薯后再吃柿子，空腹或吃红薯后胃酸增多，和柿子接触容易结成硬块，形成胃柿结石症，轻者恶心、呕吐，重者引起胃出血，甚至导致胃穿孔。
2. 中医学认为，柿子性寒，应尽量避免与寒性食物同食。
3. 购买柿子时，最好在其自然成熟上市期购买，提早上市的很有可能被进行过催熟等。
4. 不要尽挑软的买。在催熟剂常被滥用的情况下，不妨购买些涩柿子，回家用苹果催熟，这样出来的柿子，口味纯正，吃着放心。
5. 买回的柿子，食用前一定要用水冲洗干净，并去除外皮。一方面可以有效隔绝农药残留；另一方面，即使脱涩的柿子，表皮仍含有大量的鞣酸，在胃酸作用下与蛋白质发生作用易凝固形成胃柿石，造成消化道梗阻。

龙眼

手感饱满，土黄色的
龙眼营养较齐全

龙眼，又称桂圆，也是人们日常生活中常吃的一种水果。中医学认为，龙眼能够补心脾，益气血，健脾胃，养肌肉，主治思虑伤脾，头昏，失眠，心悸怔忡，虚羸，病后或产后体虚以及由于脾虚所致的下血失血症等。现代医学实践证明，龙眼还具有美容、延年益寿之功效。

新鲜安全这样挑

1 **看表皮**。挑选时要选择无斑点、干净整洁的龙眼。外表有裂纹的龙眼味道会很怪异，最好不要买；长了霉点的龙眼对身体有害，不要购买。

2 **看颜色**。挑选时一般选择土黄色的龙眼，这种龙眼的日照、水分都是比较充足的。金黄色的不太甜，不喜太甜的朋友可以试一下。

3 **看硬度**。正常的龙眼手感很饱满，硬实。如果摸起来很软的话，那么是时间久了的缘故；如果摸起来是当当硬的那种，估计是变质了的，时间也是很久的了。

4 **看果肉**。优质龙眼，果肉会看起来很透明，有水分，反之则是干瘪的样子。

科学储存这样做

将龙眼放入网状保鲜袋中，若没有网状保鲜袋，可在保鲜袋上打几个洞，放入冰箱冷藏，可保存15天左右。龙眼适宜保存的温度是4℃~6℃。

舌苔厚腻、气壅胀满、肠滑便泻、风寒感冒、消化不良之时忌食龙眼；内有痰火及湿滞停饮者忌服；患有糖尿病、痤疮、外科痈疽疔疮、妇女盆腔炎、尿道炎、月经过多者也忌食。

柠檬

柠檬色泽橙黄、气味芬芳，是一种深受大众喜爱的水果。柠檬中含有丰富的柠檬酸，被誉为“柠檬酸仓库”。柠檬中最主要的营养成分除了糖类以外，还有钙、磷、铁及维生素B_1、维生素B_2、维生素C和烟酸等。

新鲜安全这样挑

1 **看表皮。**要挑选柠檬果皮光滑，没有裂痕，没有虫眼的。如果表皮有裂口、虫子眼等，建议大家不要选购。

2 **看大小。**柠檬一般大小差不多，挑选的时候不要挑选过大的，小点的柠檬味道也是不错的。

3 **看颜色。**柠檬多以金黄色为主，挑选颜色均匀，亮堂，饱满的就可以了。

4 **看重量。**挑选时掂量一下，买较重的柠檬，这样的水分会比较充足。

5　**看果蒂**。柠檬是长长的形状，所以有两端。挑选时可以看看两端的果蒂部分，如果是绿色的，那么就很新鲜了。

科学储存这样做

1　完整的柠檬在常温下可以保存一个月左右。

2　切开后一次吃不完的柠檬，可以切片放在蜂蜜中腌制，日后拿出来泡水喝；也可切片放在冰糖或白糖中腌制，也可用来泡水喝。不过两种都要保证不要带水，否则有可能会烂掉。另外，还可以将柠檬用保鲜纸包好放进冰箱里保存。

3　榨好一次用不完的柠檬汁可以把口封紧放入冰箱中保存，时间限制在3天之内，长了会造成维生素C损失。也可以将柠檬汁直接倒入冰格中放入冰箱冷冻室保存，需用的时候，直接取柠檬冰块来用就可以了。

4　由于即使是保鲜处理的柠檬，维生素C仍在不断减少，因此可以把剩余的柠檬放在房间或某个角落，不但可以不浪费，还可以使空气变得清新。

1　柠檬味极酸，易损伤牙齿，不宜过多食用；牙痛者、十二指肠溃疡或胃酸过多的患者忌食。

2　柠檬具有很好的食疗价值，例如抗坏血病、生津解暑开胃、清热化痰、抗菌消炎等等。

甜瓜

味道很香的瓜是熟瓜

甜瓜味甘、性寒、无毒，具有清热解暑、除烦止渴、利尿的功效。市面上瓜类品种最多的一种估计就是甜瓜了，有白色的、绿色的、金黄色的。甜瓜是夏令消暑瓜果，其营养价值可与西瓜媲美。据测定，甜瓜除了水分和蛋白质的含量低于西瓜外，其他营养成分均不少于西瓜，而芳香物质、矿物质、糖分和维生素C的含量则明显高于西瓜。

新鲜安全这样挑

1 **看颜色**。绿白交替的香瓜应当挑选绿色的并且无刮痕印记的。有的伤，外表看没事，但其实已经影响到了里面的味道。黄皮香瓜也要挑果皮色泽鲜艳的，黄得发红、发紫的最好。白色香瓜中乳白色的最好吃。

2 **看顶部**。瓜的顶部，也就是大头的那一端。用手指略用力压一下，如果感觉略软些，应该就是熟的了。当然，有些品种的瓜口感比较脆，瓜的大头会比较硬，就不太适合这种挑法。

3 **闻顶部**。一般熟瓜在大头这里可以闻到比较浓郁的自然的香气，很淡或没味道可能是水瓜。

4 **看瓜尾巴**。一般，绿油油的瓜尾就是新摘的，而变黄、变黑的就是已经储存一段时间的了。

5 **看底部**。瓜的底部就是头小的一边。观察小头这边的蔓和瓜的连接处是否有自然断掉的痕迹。古有瓜熟蒂落的说法，如果是熟瓜这个地方会有自然落下后的坑。否则不熟的瓜摘下来上面是带蔓的。

6 **看硬度**。捏起来有些弹性的瓜，且不是太软的是成熟的香瓜，当当硬的一定是生瓜了。

科学储存这样做

甜瓜不适宜冷藏，放在干燥的房间里即可，也可以放在纸皮盒里，盒里放一些揉得皱巴巴的报纸。保存时气温不要太低，25℃最好。

1 甜瓜可以用于暑热所导致的胸膈闷满不舒、食欲不振、烦热口渴、热结膀胱、小便不利等症，夏季烦热口渴、口鼻生疮或中暑时宜食。

2 中医学认为，甜瓜性甘寒，脾胃虚寒、腹胀、腹泻便溏者忌食，出血及体虚者不可食。

桑葚

紫黑色的桑葚是完全成熟的

桑葚又叫桑果、桑枣、桑泡儿，味甜汁多，是人们常食用的水果之一。成熟后的桑葚可晒干后食用，也可用来泡酒。不同地区桑葚的成熟时间也不同，南方早一点，北方稍迟一点。桑葚酸甜适可，很多人都喜欢吃，但如何挑选酸甜适口的桑葚就需要好好思考一下了。

新鲜安全这样挑

1 **看表面**。挑选时应该看桑葚的表面，饱满丰盈，肉肉的，看起来很水的就是新鲜的桑葚。桑葚表面上如果已经发皱了，那么，这个水果的时间肯定长了，这样的桑葚就不能选了。

2 **看果柄**。新鲜的桑葚果柄是比较新鲜的，发黄了的果柄说明放的时间长了。

3 **看颜色**。挑选时，要选那种紫黑色的桑葚，这样的桑葚是完全成熟的，而且会非常甜。北方其实还有一种本土的桑葚品种，是红色的，此种没有黑紫色，只是火红的颜色，也非常好吃非常甜。

4 **摸手感**。拿起一颗桑葚，放在手里感觉一下。那种饱满的有弹性的是最好的最新鲜的。而不新鲜的桑葚，拿到手里是干枯萎靡的感觉，这样的桑葚不能选。

桑葚干以长度为1~1.5厘米为好，最好选择新疆出产，因其地处北纬37°，可以直接接受阳光最丰富的照射，日照充足，昼夜温差大，桑葚的营养和糖分相对其他地区都要高。但因新疆风沙大，桑葚干糖分又高，有细沙附着在表面，建议先清洗，稍微浸泡后再食用。

科学储存这样做

1　洗净，分成小包，放入冰箱冷冻，吃时用热水化开。

2　用敞开的容器盛放，放进冰箱冷藏。

3　用白砂糖或红砂糖腌制，一层桑葚，一层砂糖，然后盖好盖放入冰箱就可以了，一般可保存一个星期。

1　由于桑葚表皮很薄，应轻拿轻放。买来后可用清水浸泡一会儿，洗净直接食用。

2　不习惯吃酸的人，可将洗净的桑葚蒸熟，用蜂蜜浸泡，每天酌量食用，也可将桑葚榨汁，加点蜂蜜饮用，可安神、缓解便秘。

3　中医学认为，桑葚性寒，女性月经期间要少吃。没有完全成熟的桑葚，对肠胃刺激较大，吃多了容易引起腹泻、过敏等。

4　一般人一天最好食用不超过20颗，脾胃虚弱易腹泻的人更要少吃。成熟桑葚含糖量很高，糖尿病患者忌食。

5　挑选桑葚时注意，如果桑葚颜色比较深，味道比较甜，而里面比较生，有可能是经过染色的。所以买的时候一定要注意。

3 安全买主食篇

大米

表面呈灰粉状或有
白道沟纹的是陈米

大米是中国的主要粮食作物，约占粮食作物栽培面积的四分之一。世界上有一半人口以大米为主食。中医学认为大米味甘性平，具有补中益气、健脾养胃、益精强志、和五脏、通血脉、聪耳明目止烦、止渴、止泻的功效，称誉为“五谷之首”。

新鲜安全这样挑

1 **看颜色**。新鲜的大米色泽乳白呈半透明，粒型整齐，粒面光滑有光泽，有轻微垩白（粒面上的白斑），有的米粒留有黄色胚芽是正常情况。陈米及劣质米一般色泽发黄，粒面无光泽，有糠粉，碎米多，垩白多，粒面有一条或多条裂纹（俗称爆腰粒）。

2 **闻味道**。抓一把米闻味道，新鲜的大米有正常清香气味，陈化后无气味或有糠粉味，劣质大米则有轻微霉味。

3 **触摸**。购买时，抓一把米捏一下，新鲜的大米手感光滑，手插入米袋后拿出不挂粉；劣质大米则手感发滞，手插入米袋后拿出挂有糠粉。

4 **品尝**。购买时取几粒大米放入口中细嚼，新米有新鲜稻谷的清香气味，陈米或劣质米则无味道或有轻微异味。好米米质坚实，次米发粉易碎。

5 **用水泡**。如果还是不确定是不是好米，可以把买回来的大米用水泡一下，浸泡后米粒发白的是好米，浸泡后米粒裂纹多的是次米。也可以把大米放在透明玻璃板上，在光线充足处观察大米是否有裂纹。

科学储存这样做

1　把大米扎紧袋口，放在阴凉干燥处，大米可以保存较长时间。如果条件允许，可以把大米放在塑料袋或保鲜盒中，扎紧袋口，放在冰箱里冷冻存放。这样能保持大米新鲜，不生虫。

2　用纱布包几小包花椒，分放在米袋的上、中、底部，扎紧袋口，将米袋放在阴凉通风处，也可防止大米生虫。花椒可以用来驱虫。

3　在装大米的容器内分散放几瓣大蒜，密闭容器，也可以防虫。

4　在大米中放一些干海带，隔十天左右取出来晒干，然后再放回米缸，如此反复使用，能有效防止大米霉变和生虫。

1　大米保管不当或陈化后，有黄粒米产生，米粒为水黄或深黄色，不仅影响口感，还含有黄曲霉毒素，对人体健康有极大的影响。

2　大米不宜与鱼、肉、蔬菜等水分高的食品同时储存，因为大米易吸水导致霉变。

3　精加工后的大米会损失大量营养，所以在食用时应当糙米和精米结合食用，保证营养均衡。

4　淘洗大米时不要洗太多遍，以免营养流失，简单清洗两遍即可。

绿豆

鲜绿色的是最新鲜的

绿豆是家中必备的食物，中医学认为，绿豆性味甘凉，有清热解毒之功，其营养价值是很高的。绿豆汤是家庭常备夏季清暑饮料，消暑开胃，老少皆宜。此外，常吃绿豆，还可以起到美容的效果。绿豆可以清洁皮肤，改善皮肤的干燥，维持皮肤的弹力，还具有很好的排毒效果。

新鲜安全这样挑

1 **看外观**。优质绿豆外皮蜡质，子粒饱满、均匀，很少破碎，无虫，不含杂质。次质、劣质绿豆色泽暗淡，子粒大小不均，饱满度差，破碎多，有虫，有杂质。

2 **闻味道**。向绿豆哈一口热气，然后立即嗅气味。优质绿豆具有正常的清香味，无其他异味。微有异味或有霉变味等不正常的气味的为次质、劣质绿豆。

科学储存这样做

1 把买回来的绿豆装进塑料瓶中，放进冰箱冷冻一周后拿出来，放在干燥阴凉处，绿豆就不会生虫子了。

2 把绿豆放到太阳下晒一下（不要暴晒），装入保鲜袋中，在袋中放几瓣大蒜，密封就可以了。

3 也可以用纱布包一些花椒，放进装绿豆的袋子里，密封即可。

1 绿豆与南瓜、百合、木耳、燕麦、大米、海带、韭菜、金针菇、鸽肉搭配食用，可发挥其清热解毒的功效。

2 按中医学的看法，绿豆属于凉性药食之品，体虚、脾胃虚寒者不宜大量食用，会引起腹痛腹泻等症；阴虚者也不宜大量食用，会出现口角糜烂、牙龈肿痛等症状。

黑豆

假黑豆遇醋不变色

中医学历来认为，黑豆为肾之谷，入肾。具有健脾利水、消肿下气、滋肾阴、润肺燥、制风热而活血解毒、止盗汗、乌发黑发以及延年益寿的功能。现代药理研究证实，黑豆除含有丰富的蛋白质、卵磷脂、 脂肪及维生素外，尚含黑色素及烟酸。正因为如此，黑豆一直被人们视为药食两用的佳品。

新鲜安全这样挑

1 **看表面**。正宗的黑豆，颗粒大小并不均匀，有大有小，而且颜色也并不是全黑的，而是有的呈墨黑，有的却是黑中泛红；而经过染色的假冒黑豆，它的大小是基本均匀的，它的色泽基本全是墨黑的。

2 **用水泡**。把黑豆放入白醋中搅拌，如果白醋变成红色则是纯正真黑豆，如果醋不变色则是假黑豆。黑豆遇白醋之所以变色是因为它的表面含有花青素，而花青素遇到白醋发生了变色的化学反应。

科学储存这样做

可以将黑豆直接放在冰箱冷冻，也可以用水煮一下，冷却晾干后再放入冰箱冷冻。

黑豆皮中的花青素是很好的抗氧化剂来源，能清除体内自由基，尤其是在胃的酸性环境下，抗氧化效果好，养颜美容，增加肠胃蠕动。

要提示大家的是，黑豆对健康虽有如此多的功效，但不适宜生吃，尤其是肠胃不好的人会出现胀气现象。

蚕豆

皮薄肉嫩，
青绿色的最新鲜

蚕豆，又称罗汉豆，可食用，也可作为饲料、绿肥和蜜源植物种植。蚕豆中有钙、锌、锰、磷脂等成分，还含有能增强记忆力的胆石碱。对于正在发育期的青少年来说，其中的钙能促进骨骼生长，胆石碱能帮助增强记忆力，是非常合适的营养食材。

新鲜安全这样挑

如果购买去了豆荚的蚕豆，比较浅的青绿色的最新鲜，皮薄肉嫩；若有变黑的迹象，就是有点变质了，而且皮厚肉硬。如果购买带着豆荚的蚕豆，一般都比较新鲜，挑选的时候不需要太费劲。

科学储存这样做

1 直接将蚕豆放在干燥避光的容器中，一般在5℃以下，密封保存。

2 将鲜蚕豆煮熟（不要太熟），沥干水分，再将剩余水分晾干，分成一小份一小份的，放入冰箱冷冻室冷冻，吃的时候解冻就可以了。

1 患有痔疮出血、消化不良、慢性结肠炎、尿毒症等病的患者不宜过多进食蚕豆。

2 蚕豆过敏者，患有蚕豆病的儿童决不可食用蚕豆。

3 老人、脑力工作者、考试期间的学生、高胆固醇者、便秘者可以多食。

豌豆

根据时节挑豌豆

豌豆是蝶形花科豌豆属植物，圆的是我们平时熟悉的豌豆，扁身的称为青豆或荷兰豆。豌豆味甘，性平，有益中气、止泻痢、利小便、消痈肿、解乳石毒的功效，可起到调和脾胃、通利大肠、抗菌消炎、调颜养身、防癌治癌等作用。

新鲜安全这样挑

1. **用手摸**。手握一把豌豆，发出咔嚓的响声表示新鲜程度高。
2. **看时期**。豌豆上市的早期要买饱满的，后期要买偏嫩的。
3. **看形状**。如果豌豆是荚果扁圆形的，表示正值最佳成熟时期。如果是荚果正圆形的，表示已经过老，筋（背线）凹陷也表示过老。

科学储存这样做

1 将剥了壳的豌豆装入瓶中，拧紧瓶盖，放锅里蒸20分钟，取出瓶子放在室内阴凉通风处即可。

2 将豌豆粒放入开水中焯一下水，捞出控干水分，放入塑料袋中，密封好，放入冰箱冷冻即可。

1 豌豆吃多会腹胀，炒熟的干豌豆尤其不易消化，食用过多会引起腹胀、消化不良等。

2 生吃豌豆可以生津止渴充饥，但也不宜食用过多。

3 市场上有宽荚和狭荚两个类型。宽荚种荚色淡绿，味淡，鲜味差；狭荚种荚色较深些的味浓。

红小豆

细长稍扁的是红小豆

红小豆，又叫赤小豆，外形与红豆相似，稍微细长一些。红小豆主要用于中药材，有利水消肿、排毒解脓的功效；还是一种非常好的补血杂粮，很多老中医都非常推崇这种食物。

新鲜安全这样挑

1 **看颜色**。颜色越红的红小豆口感和味道就越好。要注意，生的红小豆是不变色的，如果在清洗时掉色，估计是上了色素的，这样的红小豆要避免购买。

2 **闻味道**。购买的时候最好仔细闻闻红小豆的味道，看其是否有刺激性的化学气味。若有，也可以说明是上了色素的。

3 **看大小**。颗粒完整，大小均匀的红小豆品质较好，过小的发育不良，过大的含有一些生长激素。

4 **看豆皮**。皮薄的红小豆是品质好的，这是因为红小豆的皮越薄，其含铁量越高，营养也越丰富。

科学储存这样做

把一撮花椒用布包起来放在装红小豆的塑料袋里，不取豆时把塑料袋口扎紧，就不会长虫了。然后把塑料袋放在干燥、通风处就可以防潮、防霉了。还可以将红小豆放在开水里浸泡十几分钟后，捞出晒干（切记放在阳光下曝晒），放入缸里，再放入几瓣大蒜封口即可。这两种方法均可保存很久。

1. 肾脏性水肿、心脏性水肿、肝硬化腹水、营养不良性水肿以及肥胖症等病症患者适宜食用，如能配合乌鱼、鲤鱼或黄母鸡同食，消肿效果更好；产后缺奶和产后水肿的妇女也宜食，用赤小豆煎汤喝或煮粥食用。
2. 阴虚而无湿热者忌食红小豆；尿多之人不宜多食。

芸豆

颗粒饱满、
鲜艳有光泽的是好豆

芸豆，又称菜豆，可煮可炖，是制作糕点、豆馅、甜汤、豆沙的优质材料，药用价值也很高。芸豆营养丰富，富含碳水化合物和膳食纤维，蛋白质和B族维生素的含量也较高。芸豆还是一种难得的高钾、高镁、低钠食品，这个特点在营养治疗上大有用武之地。芸豆尤其适合心脏病、动脉硬化、高血脂、低血钾症和忌盐患者食用。

那么，该如何选购优质芸豆呢？

新鲜安全这样挑

1 **看色泽**。好的芸豆要有该品种固有的色泽，如黄豆为黄色，黑豆为黑色等。鲜艳有光泽的才是好豆，若色泽暗淡、无光泽，则为劣质豆。

2 **看质地**。颗粒饱满且整齐均匀、无缺损、无虫害、无霉变的为好豆；颗粒干瘪、不完整、大小不一、有虫蛀、有霉变的为劣质豆。

3 **较干为佳**。用牙咬豆粒，发音清脆的说明豆子比较干燥；若发音不脆则说明豆子已经受潮，这样的豆子放置时容易霉变，不宜选购。

4 **闻气味**。优质芸豆具有正常的香气和口味，有酸味或霉味的芸豆质量较次。

1 芸豆不宜生食，夹生的也不宜吃，必须要煮透才能食用。这是因为芸豆籽粒中含有一种毒蛋白，必须在高温下才能被破坏，所以食用芸豆时必须煮熟煮透，消除其毒性，更好地发挥其营养效益，否则会引起中毒。

2 芸豆在消化吸收过程中会产生过多的气体，造成胀肚。故消化功能不良、有慢性消化道疾病的人应尽量少食。

面粉

不是越白的越好

面粉是由小麦加工制成的不同等级的小麦粉，目前市场上出售的面粉，有特制粉 (俗称富强粉，也叫精制粉)、标准粉。面粉是中国北方大部分地区的主食，用面粉可以制作出很多种不同的食品，如面条、烧饼、馒头、包子、面包、油条等等。

新鲜安全这样挑

1 **看颜色**。符合标准的特制粉，色泽白净，粉质细洁；标准粉为乳白色或淡黄色；质量差的面粉色泽稍微深些。

2 **闻气味**。质量好的面粉气味正常，略带些香甜味；质量差的面粉有酸、臭、霉等异杂气味。使用增白剂的面粉，会破坏小麦原有的香气，涩而无味，甚至会带有少许化学药品的气味。

3 **触摸**。用手抓一把面粉使劲捏，松手后若面粉随之散开，则是水分正常的好粉；若不散开，则是水分过多的面粉。另外，手感绵软的面粉质量好，过分光滑的面粉质量差。

科学储存这样做

面粉是粮食中最易生虫的，特别是夏季。所以保存面粉时，最好的方法是用密封塑料袋保存，隔绝空气。若短时间内不食用，可放在冰箱冷冻室内，这样不管多久，都不会变质。建议购买时不要买太多，易保存。

1. 特制粉价格高，其加工精细，灰分含量低，面筋含量高，细白，口感好，人体容易消化吸收。但面粉在加工过程中，维生素等营养成分损失较多，长期单一食用特制粉，易导致维生素缺乏症。
2. 标准粉比特制粉略粗，色泽略差，麸星(面粉中已被磨碎的麸皮碎片)多些。但含有较多的维生素、无机盐等，营养成分较全面，使用后更有益于人体健康。

安全不安全

DON超标的小麦粉

脱氧雪腐镰刀菌烯醇，简称DON，属于单端孢霉烯族毒素，是小麦、大麦、燕麦、玉米等谷物及其制品中最常见的一类污染性真菌毒素，在各国谷物中属于检出率最高的一种真菌毒素。DON的性质稳定，耐热、耐压、耐弱酸、耐储藏，一般的食品加工不能破坏其结构，加碱或高压处理才可破坏部分毒素。人摄食被DON污染的谷物制成的食品后可能会引起呕吐、腹泻、头疼、头晕等以消化系统和神经系统为主要症状的真菌毒素中毒症，有的患者还有乏力、全身不适、颜面潮红、步伐不稳等似酒醉样症状（民间也称醉谷病）。症状一般在2小时后可自行恢复。老人和幼儿等特殊人群，或大剂量中毒者，症状会加重。我国相关食品安全标准中对其允许限量有严格的规定，通过加强粮食收购和储运监管，加大防控管理和抽检力度，可有效避免不合格产品流入市场。

黑米

黑米不是里外都黑的

黑米呈黑色或黑褐色，营养丰富，食用、药用价值高，素有“黑珍珠”和“世界米中之王”的美称。天然黑米、黑小麦等“黑五类”食品的紫黑色素，可以对人的心脏、心血管起保护作用。天然黑米是一种糙米制品，表层的黑色是天然水溶性色素，水洗掉色属于正常现象。

新鲜安全这样挑

1 **看表皮**。正常的黑米表皮层有光泽，米粒大小均匀，用手抠下的是片状物，碎米少；劣质的黑米无光泽，用手抠下的是粉状物，碎米多。

2 **看米芯**。用手指将米粒外皮刮掉，若内部是白色且有光泽，说明是好米；若不是白色，则很可能是被染色了，不要购买。

3 **闻气味**。取少量黑米哈口热气，然后立即闻味，好的黑米有正常的清香味，无异味；劣质黑米会微有异味或霉变、酸臭、腐败等不正常的气味。

4 **触摸**。用手触摸黑米，若有滑爽的感觉或在手中握一会儿有发黏的感觉，则说明黑米被涂了矿物油。

5 **尝味道**。取少量黑米放入口中细嚼，或磨碎后品尝，优质黑米味佳，微甜，无任何异味。

6 **看泡米水**。用白醋泡少量黑米，几分钟后水如果变成类似红酒的颜色，说明是好米；如果泡出的黑米水像墨汁一样，那它就是不好的黑米。需要注意，如果是使用了化学合成色素染色的黑米，因色素不溶于水、染色牢固，在用冷水淘米时反而不会使淘米水变色。

科学储存这样做

黑米保存方法很简单，可以直接将其放入干净的饮料瓶里，密封，放在通风、避光、干燥处或冰箱内保存。

1. 黑米的米粒外部有一种坚韧的种皮包裹着，煮前可以先浸泡一夜。
2. 产后血虚、病后体虚、贫血、肾虚以及年少须发早白者宜食黑米。
3. 脾胃虚弱的小孩儿或老年人不宜过多食用黑米，病后消化能力弱的人不宜急于吃黑米。

小米

放于软白纸上
湿润揉搓，看颜色决定好坏

小米又名粟，古代叫禾。我国北方通称谷子，去壳后叫小米。它原产我国，约有八千多年的栽培历史。最为有名和最好的小米应属河南洛阳伊川吕店一带所产小米。小米的营养价值很高，含蛋白质9.2%~14.7%，脂肪3.0%~4.6%及维生素，除食用外，还可酿酒、制糖。

新鲜安全这样挑

1 **看颜色**。优质小米米粒大小、颜色均匀，呈乳白色、黄色或金黄色，有光泽，很少有碎米，无虫，无杂质。

2 **闻味道**。优质小米闻起来具有清香味，无其他异味。严重变质的小米，手捻易成粉状，碎米多，闻起来微有霉变味、酸臭味、腐败味或其他不正常的气味。

3 **品尝**。优质小米尝起来味佳，微甜，无任何异味。劣质小米尝起来无味，微有苦味、涩味及其他不良滋味。

检测染色小米

不良商家为了牟利，会对质量差的或者存放时间过长的小米进行染色来贩卖。那么，该如何鉴别这些被染了色的小米呢？

我们可以取少量小米放于软白纸上，用嘴哈气使其润湿，然后用纸捻搓小米数次，观察纸上是否有轻微的黄色，如有黄色，说明小米中染有黄色素。另外，也可将少量小米加水润湿，观察水的颜色变化，如有轻微的黄色，说明掺有黄色素。

科学储存这样做

1 买回来的小米在储存前先除去糠杂，若水分过大，可阴干，不可曝晒；然后用容器装好，放在阴凉、干燥、通风处即可。储存后若发现吸湿脱糠、发热时，要及时出风过筛、除糠降温，以防霉变。

2 将买来的小米放入冰箱冷冻室，冷冻四个小时，冻死虫卵。将冷冻好的小米装入洗净晾干的塑料桶内，封盖即可。

3 在小米中放少量干海带，让其吸收水分，防止生虫发霉。海带变湿后，可晾干后再放入。还可以在小米中放一袋新花椒防虫。

1 小米是传统的滋补食品。在民间对于病后恢复者、老年人及产妇通常都会选用小米来滋补身体。这个传统的饮食习惯无可厚非，但应注意多种食物的搭配及替换食用，以免食物过于单一，造成营养不足。

2 中医学认为，体虚寒，小便清长者应少吃小米；气滞者忌食小米。

3 小米可以和大豆、肉类混合食用，以提升食物整体的营养价值。

4 小米粥不宜太稀薄；淘米时不要用手搓，不可长时间用水浸泡或用热水淘米。

薏米

乳白色且味道清新的最好

薏米是非常好的补水、滋润杂粮，米仁入药有利尿、清热、健脾、镇咳的功效。我们经常可以在一些西式餐厅中见到各种用薏米制作而成的饮品，不仅口感超好，而且营养也非常丰富，具有补水美白的功效。

新鲜安全这样挑

1　**看色泽。**挑选时要看薏米是否有光泽，有光泽的薏米颗粒饱满，这样的薏米成熟的比较好，营养也最高。

2　**看颜色。**好的薏米颜色一般呈白色或黄白色，色泽均匀，带点粉性，非常好看。

3　**闻味道。**购买薏米时，最好闻一下。因为放置时间太长的薏米不仅会有一股霉变的味道，而且其甘味会大大减少。

科学储存这样做

保存薏米需要注意低温、干燥、避光、密封，其中低温是最重要的因素。如果购买的是袋装密封的薏米，食用后剩余的薏米要用夹子夹紧密封袋，放入冰箱冷藏。如果购买的是散装的，剩余的也要用密封袋包好，放入冰箱冷藏。

1. 薏米黏性高，吃太多可能会阻碍消化。
2. 薏米虽然可以辅助控制血脂和血糖，但毕竟只是保健食品，不具有药物的疗效。所以，患有高血脂、高血糖的患者最好还是找医生治疗，薏米只能起到辅助作用。
3. 中医学认为，薏米性凉，所以胃肠道功能不好、易腹泻者应慎食，女性月经期也应少食，体虚的人也不宜经常食用。

玉米

颗粒整齐，
捏起来软软的是嫩玉米

玉米，是中国第一大粮食作物。中医学认为玉米开胃、健脾、除湿、利尿，营养学家认为玉米营养丰富，富含钙、磷、镁、铁、硒等多种矿物质和维生素及膳食纤维，是防“三高”、最“刮油”的八种食物之一。现在市场上主要的玉米有四种——甜玉米、黏玉米（也叫糯玉米）、水果玉米和普通玉米。最为常见的当属甜玉米和黏玉米。

新鲜安全这样挑

1 **看品种。**我们经常食用的玉米有甜玉米和黏玉米，那么，在挑选时需要注意，真正的甜玉米，是颗粒整齐，表面光滑、平整的明黄色玉米，普通黄色玉米则排列不规整，颗粒凸凹不平；真正的黏玉米，是颗粒整齐，表面光滑、平整的白色玉米，而普通的白色玉米则排列不规整，玉米颗粒凸凹不平。

2 **看老嫩。**嫩玉米的颗粒均匀，叶子嫩绿，玉米捏起来比较软，是

新鲜的嫩玉米。同一批次的玉米，尽量挑选颗粒小的玉米。老玉米摸着硬邦邦，叶子发黄，颗粒有些发瘪。同一批次的玉米，颗粒越大，玉米越老。

3 **看颗粒**。挑选时观察玉米的尖部，尖部颗粒非常小或秃尖的玉米，是营养不足的表现，建议不要购买。

科学储存这样做

1 玉米买回来后，先剥去玉米外层的厚皮，只留下两三层内皮。不用择掉玉米须，也不用清洗，直接放入保鲜袋或塑料袋中，封好口，放入冰箱冷冻室里保存。这样玉米能储存很长时间，并且始终鲜嫩不变。想吃时，不用解冻，直接洗净后凉水入锅，大火煮开后，再煮10分钟左右即可。

2 若是已经煮熟的玉米，只需将煮熟的玉米装入保鲜袋中，封紧袋口，放入冷冻室，可保存一周。下次想吃时，在微波炉中加热，或用水煮几分钟即可。注意不要放在冷藏室，会容易变质。

1 患有糖尿病、干燥综合征、更年期综合征且属阴虚火旺的人不宜食用爆玉米花，易助火伤阴。

2 不要食用霉坏变质的玉米，有致癌作用。

3 美国一项研究显示，玉米中的叶黄素和玉米黄质是抗眼睛老化的极佳补充食物，多吃能明眸善睐。需要注意的是，只有黄色的玉米中才有叶黄素和玉米黄质，白玉米中却没有。所以经常用眼的人群，应多吃一些黄色的玉米。

紫米

注意紫米与
黑米的区别

紫米是特种稻米的一种，素有“米中极品”之称。紫米粒细长，且表皮呈紫色。紫米分皮紫内白非糯性和表里皆紫糯性两种。紫米主要含赖氨酸、色氨酸、维生素B_1、维生素B_2、叶酸、蛋白质、脂肪等多种营养物质，以及铁、锌、钙、磷等人体所需矿物元素。紫米有补血益气、暖脾胃的功效，对于胃寒痛、消渴、夜尿频密等症有一定疗效。此外，糯性紫米粒大饱满，黏性强。而且紫米饭清香、油亮、软糯可口，营养价值和药用价值都比较高，具有补血、健脾、理中及治疗神经衰弱等功效。

新鲜安全这样挑

1 **看外观。**纯正的紫米米粒细长，颗粒饱满均匀。外观色泽呈紫白色或紫白色夹小紫色块。用水洗涤水色呈黑色（实际紫色）。假的紫米色暗，颜色一致。

2 **闻味道。**抓一把米对着哈口气再放到鼻前闻，真紫米有米香气味，假的则无米香味。

3 **用手搓**。抓一把用手搓，真紫米不掉色，假的掉色。

4 **对光看**。防止用劣质黑米冒充紫米，拿起几粒米对着灯光或阳光看，紫米泛红光，黑米发黑不透光。

科学储存这样做

紫米的保存方法同大米相近，可以将紫米放在干燥、密封效果好的容器内，置于阴凉处保存即可。还可以在盛有紫米的容器内放几瓣大蒜，能防止紫米因久存而生虫。

煮饭前用水浸泡后将紫米和水一起下锅，以防营养素流失。

4 安全买肉篇

猪肉

注意识别各种不健康猪肉

猪肉，又叫豚肉，是人们餐桌上重要的动物性食品之一。猪肉含丰富的蛋白质、脂肪、碳水化合物、钙、磷、铁等成分，具有补虚强身、滋阴润燥、丰肌泽肤的作用。另外，猪肉纤维较细软，结缔组织较少，肌肉组织中肌间脂肪较多，烹调加工后特别鲜美。

新鲜安全这样挑

1 **看购买渠道**。一般购买猪肉的渠道有超市和农贸市场。超市的猪肉来源比较正规，可以放心购买，但价格相对较贵。在农贸市场购买猪肉时，要看这个摊位营业执照、卫生许可证、检疫证明等等，如果摊位里有出示这些证件，这样的摊位比较安全。另外，也要观察一下摊主的衣着打扮是否整洁以及摊位的环境卫生。

2 **看外观**。新鲜健康的猪肉，瘦肉部分颜色为红色或者粉红；如果是暗红色的则属于比较次的，肥肉部分是白色或者乳白色，且质地比较硬。新鲜猪肉的表面没有任何斑点，有光泽，没有液体流出；变质的猪肉无光泽，发暗或呈灰绿色，肌肉暗红，肉表面干燥或黏手，肉质弹性低。

3 **闻气味**。购买时，把猪肉拿起来闻一下，新鲜的猪肉带一些腥味，不新鲜的猪肉有异味或臭味。

4 **触摸**。用手指用力按压猪肉后拿起，能迅速地恢复原状的说明有弹性，是好的猪肉；如果瘫软下去则肉质就比较不好。或者用手摸猪肉表面，表面有点干或略湿润而且不黏手的猪肉新鲜，黏手则不是新鲜的猪肉。

灌水猪肉的识别方法

用卫生纸或卷烟纸紧贴在猪肉的表面，等纸张全部浸透后取下，然后点上火。如果那张纸烧尽，证明猪肉没有灌水；如果烧不干净，燃烧时还发出“啪啪”声，就证明灌水了。因为肉里面含有油脂并且是可以燃烧的，如果含水了就不易燃烧了。

死猪肉的识别方法

死猪肉是病死或非正常宰杀而死的猪肉，这种猪肉一般不能食用。一般的死猪肉都有出血或充血痕迹，颜色发暗，肥肉呈黄色或者红色，肌肉无光泽，用手指用力按压，凹部不能立即恢复。严重一些的死猪肉，会有囊包虫（石榴籽一般大小水疱状的东西）。用刀子切下一片肉，仔细看，如果有水疱状的东西，则是囊包虫，这种肉对人体危害很大，不能食用。

猪瘟病肉的识别方法

病猪皮肤各处都有大小不一的鲜红色出血点，全身淋巴结呈紫色。个别肉贩常将猪瘟病肉用清水浸泡一夜，第二天上市销售，这种肉外表显得特别白，不见有出血点，但将肉切开，从断面上看，脂肪、肌肉中的出血点依然明显。

科学储存这样做

1　直接将整块猪肉用保鲜袋包起来，放入冰箱冷冻室冷冻即可。

2　将肉切成肉片，放入塑料盒里，喷上一层料酒，盖上盖，放入冰箱的冷藏室，可贮藏1天不变味。

3　将肉切成片，然后将肉片平摊在金属盆中，置冷冻室冻硬，再用塑料薄膜将肉片逐层包裹起来，置冰箱冷冻室贮存，可1个月不变质。

4 将肉切成肉片，在锅内加油煸炒至肉片转色，盛出，凉后放进冰箱冷藏。

1. 猪肉如果调煮得当，照样可以吃得健康。猪肉经长时间炖煮后，肉中的脂肪会减少30%~50%，不饱和脂肪酸的比例增加，而胆固醇含量也有所降低。
2. 生猪肉一旦粘上了脏东西，用水冲洗是油腻腻的，反而会越洗越脏。如果用温淘米水洗两遍，再用清水冲洗一下，脏东西就容易除去了；另外，也可拿来一团和好的面粉，在脏肉上来回滚动，很快就能将脏东西粘走。
3. 猪肉的不同部位脂肪含量差异较大，肥猪肉中90%为脂肪，排骨肉的脂肪为59%，五花肉为35%，后臀尖为31%，猪肘为16%，猪里脊脂肪含量较低，为8%左右。我们在选食猪肉时可根据个人情况来选择不同部位的肉来吃。

鸡肉

白里透红，
手感光滑的较新鲜

鸡肉可以说是人们日常生活中最常见、最常食用的肉类之一，鸡肉含有维生素C、维生素E等，蛋白质的含量比例较高，还含有对人体发育有重要作用的磷脂类。中医学认为，鸡肉有温中益气、补虚填精、健脾胃、活血脉、强筋骨的功效。

新鲜安全这样挑

1 **挑选活鸡。**挑选活鸡的时候，要选择羽毛紧密油润，眼睛有神、眼球充满整个眼窝，鸡冠与肉髯颜色鲜红且挺直，两翅贴紧身体，爪壮有力的鸡；站立不稳、鸡胸和嗉囊感觉鼓胀有气体或积食发硬的是病鸡，不要购买。

2 **挑选生鸡肉。**挑选生鸡肉的时候，好的鸡肉颜色白里透着红，看起来有亮度，手感比较光滑。买生鸡肉时要特别注意注水鸡，注水鸡会显得特别有弹性，仔细看会发现皮上有红色针点，针眼的周围呈乌黑色；摸起来表面会有高低不平感。

3 **挑选熟食鸡**。挑选熟食鸡的时候，观察鸡的眼睛，健康的鸡眼睛是半睁半闭的，病死的鸡在死的时候已经完全闭上了；另外，也可以看一下鸡肉内部的颜色，健康的鸡肉是白色的，因为血已经放完了，而病死的鸡死的时候是没有放血的，肉色会变红。

科学储存这样做

生鲜鸡肉最常用的保鲜方法就是放进冰箱冷藏，一般建议保存在0℃~3℃。在没有冰箱的情况下，可以用食用盐腌制鸡肉，注意盐的使用量，如果太少则失去了保存的效果，太多则使鸡肉味道变差。同时也应注意当时的气温，气温较高时应多放些盐。

1 研究表明，鸡胸肉所含脂肪和热量的确低于鸡腿肉，而去皮的鸡腿肉所含脂肪量也低于带皮时。另外，鸡腿肉由于供血充分，其肌肉纤维比鸡胸肉更加细嫩、味美，因此更适于制作炒菜。

2 在鸡皮和鸡肉之间有一层薄膜，它在保持肉质水分的同时也防止了脂肪的外溢。因此，如有必要，应该在烹饪后才将鸡肉去皮，这样不仅可减少脂肪摄入，还保证了鸡肉味道的鲜美。

3 鸡身上不同颜色的羽毛是由于品种不同或喂养的饲料不同造成的。而鸡的羽毛颜色并不影响鸡的营养价值、口感、鲜嫩度或脂肪的含量。

安全不安全

生鸡肉与沙门氏菌

沙门氏菌是经食物传播引起人类肠道疾病的主要食源性致病菌之一，国家食品安全风险评估中心专家指出，按测算结果我国每年沙门氏菌食物中毒的发病人数达300万人次，其中近半数与生鸡肉交叉污染有关。

鸡是沙门氏菌的天然宿主，污染了沙门氏菌的鸡肉制品是引起人沙门氏菌感染的主要途径。厨房内的交叉污染是导致沙门氏菌食物中毒的主因之一。因此我们除了选择信誉度好的经营场所购买鸡肉产品，尽量少买活鸡，可以购买冷冻鸡肉或包装好的鸡肉，还要特别注意提高厨房内的卫生操作意识，确保厨具（案板、刀具等）在使用过程中生熟分开，厨具使用后尽量用有杀菌效果的洗涤剂进行清洗并分类存放，处理生肉及其制品后正确洗手等。

羊肉

绵羊肉膻气
小于山羊肉

羊肉是全世界普遍食用的肉品之一，其肉质与牛肉相似，但肉味较浓，较猪肉的肉质细嫩，较猪肉、牛肉的脂肪和胆固醇含量少。羊肉固然好吃，暑热天或发热的患者应慎食。另外，过多食用动物性脂肪对心血管系统可能造成压力。

新鲜安全这样挑

1 **闻味道**。新鲜的羊肉有正常的气味，较次的肉有一股氨味或酸味。

2 **触摸**。新鲜的羊肉有弹性，指压后凹陷立即恢复；次品肉弹性差，指压后的凹陷恢复很慢甚至不能恢复；变质肉无弹性。另外，还要摸黏度，新鲜肉表面微干或微湿润，不黏手；次新鲜肉外表干燥或黏手，新切面湿润黏手；变质肉严重黏手，外表极干燥，但有些注水严重的肉也完全不黏手，其外表呈水湿样，不结实。

3　**看表皮**。看肉皮有无红点，无红点是好肉，有红点是坏肉。

4　**看颜色**。新鲜肉有光泽，其肌肉红色均匀，较次的肉，肉色稍暗；新鲜肉的脂肪洁白或淡黄色，次品肉的脂肪缺乏光泽，变质肉脂肪呈绿色。

绵羊肉与山羊肉

从口感上说，绵羊肉比山羊肉更好吃，这是由于山羊肉脂肪中含有一种叫4-甲基辛酸的脂肪酸，这种脂肪酸挥发后会产生一种特殊的膻味。不过，从营养成分来说，山羊肉并不低于绵羊肉。山羊肉的一个重要特点就是胆固醇含量比绵羊肉低，更适合高脂血症患者和老人食用。

山羊肉和绵羊肉还有一个很大的区别，就是中医学上认为，山羊肉是凉性的，而绵羊肉是热性的。因此，后者具有补养的作用，适合产妇、患者食用；前者则患者最好少吃，普通人吃了以后也要忌口，最好不要再吃凉性的食物和瓜果等。

绵羊肉和山羊肉的鉴别方法

1　看肌肉。绵羊肉黏手，山羊肉发散，不黏手。

2　看肉上的毛形。绵羊肉毛卷曲，山羊肉硬直。

3　看肌肉纤维。绵羊肉纤维细短，山羊肉纤维粗长。

4　看肋骨。绵羊的肋骨窄而短，山羊的则宽而长。

科学储存这样做

将羊肉洗干净整块或分成一份一份的，用保鲜袋包好，放进冰箱速冻室冷藏即可。还可以用熏晒法保存羊肉，把羊肉切成一片一片的，肉的两面抹上盐，挂起来或平摊在阳光下晒几天就可以了，这样也可以保存很久。

贴心小叮咛

1. 涮羊肉时一定要把羊肉涮熟透了再吃，时间太短的话，寄生虫杀不死。
2. 孕妇可以食用羊肉，能够提高身体免疫力，但羊肉热量高，吃多容易上火，所以食用时适当的多喝水，多吃些水果、蔬菜。

牛肉

肉色浅红，
肉质坚细的是嫩肉

牛肉是全世界人都非常喜爱吃的一种肉类食物，其蛋白质含量高，而脂肪含量低，所以很受欢迎，享有“肉中骄子”的美称。中医学认为，牛肉有补中益气、滋养脾胃、强筋健骨、化痰息风、止渴止涎的功能，适用于气短体虚、筋骨酸软、贫血久病、面黄目眩及中气下陷之人食用。

新鲜安全这样挑

1 **看颜色**。新鲜的牛肉肌肉有光泽，呈暗红色，色泽均匀，脂肪呈洁白或淡黄色；变质牛肉的肌肉颜色发暗，无光泽，脂肪呈黄绿色。

2 **触摸**。新鲜的牛肉外表微干或有风干膜，不黏手，富有弹性，指压后凹陷可立即恢复。不新鲜的牛肉外表黏手或极度干燥，新切面发黏，指压后凹陷不能恢复，留有明显压痕。

3 **闻味道**。新鲜牛肉有鲜肉味儿；不新鲜的牛肉有异味甚至臭味。

4　**看老嫩**。老牛肉肉色深红，肉质较粗；嫩牛肉肉色浅红，肉质坚而细，富有弹性。

注水牛肉，其肉纤维更显粗糙，暴露纤维明显；因为注水，使牛肉有鲜嫩感，但仔细观察肉面，常有水分渗出；用手摸肉，不黏手，湿感重；把干纸巾放在牛肉表面，纸很快被湿透，正常牛肉则不会如此。

科学储存这样做

鲜肉短时间保存可以冷藏，一般在0℃~4℃比较合适。而长时间保存肉类最好的方法就是冷冻，牛肉冷冻时温度最好在-18℃，温度太高会破坏肉的质量和味道，还会滋生细菌。

1. 牛分黄牛、水牛、牦牛、乳牛四种，其中以黄牛肉为最佳，并以其键牛肉质量最好。
2. 牛肉的纤维组织较粗，结缔组织又较多，应横切，将长纤维切断；不能顺着纤维组织切，否则不仅没法入味，还嚼不烂。
3. 烧煮牛肉时，放进一点冰糖，可使牛肉很快酥烂。
4. 先在老牛肉上涂一层干芥末，次日再用冷水冲洗干净，即可烹调，这样处理后的老牛肉肉质细嫩且易熟烂。

鸭肉

家禽的“屁股”
绝对不能吃

鸭肉自古就是各种美味名菜的主要原料，是餐桌上的上乘佳肴。鸭肉蛋白质含量高，脂肪分布也比较均匀；含有的B族维生素和维生素E较其他肉类多，B族维生素能有效抵抗脚气病、神经炎和B族维生素缺乏症，还能抗衰老。此外，鸭肉中含有较为丰富的烟酸，这也是一种B族维生素，对心肌梗死等心脏疾病患者有保护作用。

新鲜安全这样挑

1 **看颜色**。鸭皮呈乳白色，切开后切面呈玫瑰色的是优质鸭；鸭皮表面渗出轻微油脂，可以看到浅红或浅黄色，同时切面为暗红色，则是质量较差的鸭；体表可以看到许多油脂，呈深红或深黄色，肌肉切面为灰白色、浅绿色或浅红色，则是变质鸭。

2 **闻味道**。优质的鸭子香味四溢；一般质量的鸭子可以从其腹腔内闻到腥霉味；若闻到较浓的异味，则说明鸭子已变质。

3　**看形状**。新鲜质优的鸭，形体一般为扁圆形，腿的肌肉摸上去结实，有凸起的胸肉，在腹腔内壁上可清楚地看到盐霜；反之，若鸭肉摸上去松软，腹腔潮湿或有霉点，则鸭质量不佳，变质鸭肌肉摸起来软而发黏，腹腔有大量霉斑。

4　**看眼球**。新鲜的鸭子眼睛色泽明亮，眼球饱满，眼睛还呈全开或半开状。放久了或已经变质的鸭肉，白条鸭的眼睛会凹陷下去，病死的鸭，眼睛很浑浊。

科学储存这样做

直接用保鲜膜包起来放在冰箱里冷冻即可。

1. 鸭肉宜与山药、红小豆、当归、白菜同食。
2. 中医学认为，鸭肉味寒，所以素体虚寒、胃部冷痛、腹泻清稀、腰痛以及肥胖、动脉硬化、慢性肠炎患者应少食；鸭屁股是淋巴集中的部位，很多毒素会蓄积在此，所以应忌食鸭屁股。

鱼

活的鱼最新鲜

鱼是最古老的脊椎动物，也是脊椎动物中最原始最低级的一类。鱼肉富含动物蛋白质和磷质等，营养丰富，味道鲜美，易被人体消化吸收，对人的体力和智力的发展具有重大作用。鱼的种类特别多，我国淡水鱼就有1000多种，其中优良淡水鱼品种有鲤鱼、鲫鱼和“四大家鱼”（草鱼、青鱼、鲢鱼、鳙鱼）。

新鲜安全这样挑

1 **看表皮**。新鲜的鱼表皮有光泽，鳞片完整，紧贴鱼身，鳞层鲜明，鱼身附着的稀薄黏液是鱼体固有的生理现象。不新鲜鱼表皮灰暗无光泽，鳞片松脱，层次模糊不清，有的鱼鳞片变色，表皮有厚黏液。腐败变质的鱼色泽全变，表皮有厚黏液，液体黏手，且有臭味。

2 **看体态**。新鲜鱼拿起来身硬体直，如黄墙鱼、鲈鱼、乌鱼等，上市时为保鲜而放入冰块，头尾往上翘，但仍然是新鲜的。若拿在

手上肉无弹性，头尾松软下垂，就不够新鲜。

3 **闻味道**。买鱼时，抓起鱼，闻闻鱼身除了本身的腥味以外是否还有其他的异味。如煤油味、臭水味等等。如果有，则说明这条鱼生活的水域受到了严重的污染，不宜再购买。

4 **看鱼鳃**。新鲜的鱼鳃盖紧闭，鱼鳃色泽鲜红，有的还带血，无黏液和污物，无异味。不新鲜的鱼鱼鳃呈淡红或灰红色。如鱼鳃灰白或变黑，附有浓厚黏液与污垢，并有臭味，说明鱼已腐败变质。

5 **看鱼眼**。新鲜的鱼眼光洁明亮，略呈凸状，完美无遮盖。不新鲜的鱼眼灰暗无光，甚至还蒙上一层糊状厚膜或污垢物，使眼球模糊不清，并呈凹状。腐败变质的鱼眼球破裂移位。

6 **看鱼鳍**。新鲜鱼鳍的表皮紧贴鳍的鳍条，完好无损，色泽光亮。不新鲜鱼鳍表皮色泽减退，且有破裂现象。腐败变质的表皮剥脱，鳍条散开。

科学储存这样做

如果是活鱼，可以在鱼的嘴巴里滴几滴白酒，放进清水里养着，上面盖一个透气的盖子，可以存活三四天。如果是刚杀死的鲜鱼，可以将其内脏取净，在鱼身上抹上盐，放入盘子里用保鲜膜包好，放进冰箱冷藏室即可。如果想要长期储存的话，可以买速冻鱼，放在冰箱内零下18℃冷冻。

1 一般来说大家都喜欢吃活鱼，活鱼味道鲜美，肉质有弹性。但有些活鱼在运输保鲜的过程中，不法商家会加入一些有害物质以

维持鱼的存活时间。在不能鉴别的情况下，冰鲜鱼也是不错的选择。保存良好的冰鲜鱼在味道上与活鱼不相上下，同时购买成本也低于活鱼。

2 在给宝宝添加蛋白质辅食时，不要把鱼类作为首选的食物。可以先选择鸡肉、猪肉等，待宝宝对这些肉类适应后再尝试添加鱼类。甚至有些专家建议等宝宝满一周岁以后再吃鱼。这是因为鱼类属于容易引发过敏的蛋白质类食物。美国过敏性哮喘和免疫学学会把鱼类列为较易于引起食物过敏的普通食物之一。

3 活宰的鱼不要马上烹调，可以放置一会儿，这个过程叫作“后熟”。经过“后熟”的肉更加鲜嫩，味道更好。

虾

皮壳间紧实且身体弯曲的是好虾

虾可以分为海水虾和淡水虾两种，海虾又叫红虾。虾含有丰富的蛋白质、钙、磷、铁等多种矿物质。比其他肉类纤维细，水分多，所以口感细嫩，容易消化吸收，尤其适合老人和儿童食用。虾具有很好的食疗价值，如通乳抗癌、补肾壮阳、益气滋阳、开胃化痰、通络止痛、化瘀解毒、养血固精等。

新鲜安全这样挑

1 **看外形**。新鲜的虾，其虾头尾与身体是紧密相连的，虾身有一定的弯曲度。如果你挑选的虾头与尾部、身体相连松懈，头尾易脱落或分离，不能保持其原有的弯曲度，那么，它有很大的可能是不新鲜的虾，更有可能它已经是死虾了。

2 **闻气味**。新鲜的虾有正常的腥味，无异味。变质的虾有臭味。

3 **看颜色**。新鲜虾皮壳发亮，河虾呈青绿色，海虾呈青白色（雌虾）或蛋黄色（雄虾）。不新鲜的虾，皮壳发暗，虾略成红色或灰紫色。冻虾应挑选表面略带青灰色，手感饱满并富有弹性的；那些看上去个大、色红的最好别挑。

4 **看肉质**。新鲜的虾肉质坚实细嫩，有弹性，虾壳与虾肉之间粘得很紧密，用手剥取虾肉时，虾肉黏手，需要稍用一些力气才能剥掉虾壳。新鲜虾的虾肠组织与虾肉也粘得较紧，假如出现松离现象，则表明虾不新鲜。

5 **看表皮**。鲜活的虾体外表洁净，用手摸有干燥感。但当虾体将近变质时，甲壳下一层分泌黏液的颗粒细胞崩解，大量黏液渗到体表，摸着就有滑腻感。如果虾壳黏手，说明虾已经变质。

科学储存这样做

将买回来的鲜虾控去水分，不用清洗，装进洗干净的饮料瓶中，拧紧盖放入冰箱冷冻保存即可。

1 由于海水的环境被污染的越来越严重，很多海鲜当中的有害物质也是越来越多，甚至有人因为吃被污染的海鲜而中毒，所以，我们吃海鲜一定要适度，不要大量食用。

2 吃虾时要注意安全卫生。虾可能带有耐低温的细菌、寄生虫，即使蘸醋、芥末也不能完全杀死它们，因此建议熟透后食用。吃不完的虾要放进冰箱冷藏，再次食用前需加热。

3 虾与啤酒同食时应注意不要过量，大量食用时容易诱发痛风。对于平日血尿酸偏高的人士更是如此。

螃蟹

腹部介于灰白之间的是老蟹

螃蟹含有丰富的蛋白质及微量元素，对身体有很好的滋补作用。其中，螃蟹中含有较多的维生素A，对保持皮肤上皮细胞的健康有帮助。中医学认为，蟹肉具有理气消食、通经络、舒筋益气、清热、滋阴之功。此外，蟹肉高蛋白低脂肪，对患有高血压、高血脂、脑血栓、动脉硬化及各种癌症者有较好的补益作用。

新鲜安全这样挑

1 **看颜色。**优质的蟹背甲壳呈青灰色，腹为白色；如果背呈黄色，则肉就会比较瘦弱。

2 **闻味道。**若螃蟹有了腥臭味，说明已经腐败变质了，不可再食用。

3 **看肚脐。**螃蟹肚脐凸出来的，一般都膏肥脂满；凹进去的，大多膘体不足。

4　**看活力**。将螃蟹翻转身来，腹部朝天，能迅速用螯足弹转翻回的，活力强，可保存；不能翻回的，活力差，存放的时间不能长。另外，捆绑好了的螃蟹，可以轻轻触碰一下眼睛，有活力的螃蟹会快速把突出的眼睛躲闪开。

5　**掂分量**。用手掂一掂螃蟹的分量，手感重的是肥胖的蟹。

注意：这种办法不适用河蟹和活的海蟹，因为经常被绑起来。

6　**捏软硬**。用手捏一下螃蟹的腿，如果感觉很软就说明这只螃蟹是很空的、没什么肉，蟹膏蟹黄也不可能很满。而如果蟹腿很坚硬则说明这是一只“健壮”的螃蟹。

7　**看雌雄**。农历八九月里挑雌蟹，九月过后选雄蟹，因为雌雄螃蟹分别在这两个时期性腺成熟，滋味营养最佳。

科学储存这样做

可以将螃蟹用湿毛巾盖住放入冰箱冷藏室，可以放几天。也可以将螃蟹放在水桶中，水桶中的水不要没过螃蟹的身体，避免螃蟹缺氧而死。

1　中医学认为，螃蟹性凉，吃螃蟹时大量喝冷饮容易导致腹泻。

2　传统观点认为，孕妇、习惯性流产的妇女和哺乳期的妈妈都不适宜吃螃蟹。但此观点并未得到现代科学的证实。上述人群可根据个人情况酌情选择。

贝类

个头大的肉更厚

贝类海鲜是人类能够食用且美味的食物，其肉质鲜美，营养丰富。但有些贝类有毒，对人体有一定危害，食用时要注意。

新鲜安全这样挑

1 **看水质。**一般卖贝类海鲜的商家会将贝放在水里养着，买时若发现水是清澈的，一般比较新鲜；若是浑浊的，说明不新鲜。

2 **看大小。**个头大的贝一般肉比较厚，有嚼劲；个头较小的内部杂质比较少，适合不喜欢太腥口味的人吃。要注意，在挑选花蛤时一定要一个一个挑，确保每个花蛤都有舌头伸出来，用手碰一下就会收回去。

安全不安全

麻痹性贝类毒素

2016年6月，新西兰初级产业部（MPI）消息称，在例行贝类毒素检查中发现该国部分海域内的麻痹性贝类毒素高达1.8毫克/千克，超出MPI设置的0.8毫克/千克的安全限。MPI随即发出公共卫生预警，劝告市民不要收集或食用来自该区域的双壳贝类。

麻痹性贝类毒素（PSP）并非来自贝类生物体本身，而是贝类摄食有毒藻类，并在其体内蓄积、放大和转化等过程形成的具有神经肌肉麻痹作用的赤潮生物毒素。人体若误食含有此类毒素的贝类则会产生麻痹性中毒现象，所以该类毒素又被称之为麻痹性贝类毒素。PSP是我国海洋赤潮毒素中最常见的毒素之一，约占藻毒素引起中毒事件的87%。目前PSP中毒尚无特效解毒方法，主要还是依靠患者自身的解毒、排毒功能来分解、清除毒物。在毒素暴发高峰期一定不要采捕和购买食用野生的贝类。

鱿鱼

身体越紧实的越新鲜

鱿鱼，又叫枪乌贼，其营养价值非常高，富含蛋白质、钙、磷、维生素B_1等多种人体所需的营养物质，脂肪含量极低，胆固醇含量较高。鱿鱼虽然美味，但消化功能不好及脾胃虚寒者应慎食。

新鲜安全这样挑

1 **看色泽**。新鲜的鱿鱼呈粉红色，有光泽，看起来半透明，体表略显白霜；不新鲜的鱿鱼背部有霉红色或黑色，颜色暗淡。

2 **看鱼肉**。好的鱿鱼头部和身体较紧实，摸起来有弹性，而且越紧实越新鲜；而劣质鱿鱼身体较松垮。

3 **挤压背部**。购买时可以用手去挤压一下鱿鱼背部的膜，膜不易脱落的是新鲜的，越容易脱落越不新鲜。

4 **闻气味**。新鲜的鱿鱼是正常的海鲜味，不新鲜的鱿鱼有异臭味，味道很明显，稍微闻一下就能闻出来。

海蜇皮

松脆有韧性，
咀嚼会发声的为好

海蜇皮是海蜇的制成品，含蛋白质、脂肪、碳水化合物、钙、磷、铁、核黄素、碘、硫氨酸等元素。中医学认为，海蜇有清热解毒、化痰软坚、降压消肿之功效。

新鲜安全这样挑

1 **看色泽**。较好的海蜇皮呈白色、乳白色或者淡黄色，表面湿润有光泽，无明显红点；稍次一些的海蜇皮呈灰白色或茶褐色，表面光泽度较差；劣质的海蜇皮呈暗灰色或发黑，无光泽。

2 **看形状**。好的海蜇皮呈自然圆形，中间无破洞，边缘没有破裂；次一些的海蜇皮形状不完整，有破碎现象；劣质海蜇皮形状不完整，易破裂。

3 **看厚度**。好的海蜇皮整张的薄厚都很均匀；次一些的海蜇皮薄厚不均匀；劣质海蜇皮成片状，薄厚不均匀。

4 **看韧性**。好的海蜇皮松脆有韧性，咀嚼时会发出响声；次一些的海蜇皮松脆程度差，无韧性；劣质海蜇皮易撕开，无脆性，无韧性。

海参

优质海参色黑灰

海参是生活在世界各海洋中的棘皮动物，在我国与人参、燕窝、鱼翅等齐名，是八大珍品食物之一。海参不仅是珍贵的食品，还是珍贵的药材，可补肾、益精髓、壮阳疗痿、摄小便等。海参还具有提高记忆力、延缓性腺衰老、防止动脉硬化、防止糖尿病及抗肿瘤等作用。

新鲜安全这样挑

1 **看色泽**。优质海参呈黑灰色或灰色，颜色正常；海参开口处和内部都是黑的，一般是由炭黑或墨汁染黑的；颜色黑亮美观的，应该是加入了大量白糖、胶质甚至是明矾。

2 **看组织形态**。优质海参体形完整、肥满，肉质厚，将尾部开口向外翻就能看到厚度，刺粗壮挺拔，嘴部石灰质露出少，用刀切时切口较整齐；劣质海参参体呈扁状，肉质薄，嘴部石灰质露出多，刺有残缺。

3 **看状态**。购买时一定要买干燥的海参，湿湿的海参水分含量较大，称重时会吃亏，而且湿的海参容易变质。

4 **看杂质**。优质海参体内很干净，基本上没有盐结晶，外表也无盐霜，附在海参上的木炭和草木灰无异味；劣质海参体内有盐、水泥或杂物，有异味。

虾米

体形弯曲的是好虾米

虾米，又叫海米、金钩、开洋，是著名的海味品。虾米有较高的营养价值，富含蛋白质，还含有脂肪、糖类、钙、铁、磷、维生素等。其中，虾米最有营养价值的成分是虾皮和虾仁上红色的成分，叫作虾青素。

新鲜安全这样挑

1 **看色泽**。上品虾米颜色是天然的，呈黄色或浅红色，有时会有一些琥珀色，瓣节是一节红一节白，色泽发亮，颜色大体一致；若出现两种以上的颜色，说明有坏的；色泽暗而且不光洁的一般是在阴雨天晒的；虾米通体红色，看不到什么瓣节，晒干以后头上的膏是用红色包住的，说明是染色虾米。

2 **看体形**。好的虾米体形是弯曲的，弯曲说明是用活虾加工的，活虾肉有弹性，筋是紧绷的；若虾米体形笔直或弯曲不大，说明大多是用死虾加工的。此外，好的虾皮无黏壳、贴皮、空头壳、霉变等现象出现。

3 **尝味道**。购买时取一粒虾米放在嘴里嚼一下，咸淡适口，鲜中带着些甜味的是上品；盐味重，有明显苦涩感或其他异味的质量较差。

4 **看杂质**。好的虾米完整，大小均匀，无碎末，无虾糠，也无其他鱼虾。

科学储存这样做

淡质虾米可摊在太阳下，待其干后，装入瓶内，保存起来。咸质虾米，切忌在阳光下晾晒，只能将其摊在阴凉处风干，再装进瓶中。无论是保存淡质虾米，还是咸质虾米，都可将瓶中放入适量大蒜，以避免虫蛀。

1. 虾米是由干的虾仁制成。脱去水分后的虾仁更容易长期保存且具有鲜虾仁所没有的特殊风味。
2. 脱水后的虾仁各种营养素都浓缩，含量大大高于新鲜虾仁。所以在吃的时候要注意把握好量，不要过多摄入。
3. 虾米在加工过程中会加入大量的盐，所以在吃时可事先浸泡一下，去掉部分盐分。以免钠盐摄入过量。

5 安全买蛋奶豆制品篇

鸡蛋

望闻触听挑新鲜

鸡蛋，也就是母鸡所产的卵，富含蛋白质、卵磷脂和胆固醇，营养丰富。鸡蛋蛋白质的氨基酸比例很适合人体生理需要，易被机体吸收，利用率高达98%以上，营养价值很高，是人体常食用的食物之一。

新鲜安全这样挑

1　**看外表。**刚从鸡窝里收起来不久的鸡蛋，其表面会有一层类似于霜样的粉末状东西，这种是新鲜的、正常的鸡蛋；如果表面比较光滑，没有霜或者表面有发乌的现象，则不是好的、新鲜的鸡蛋。

2　**闻味道。**拿起一个鸡蛋，在上面哈口热气，用鼻子闻其气味，好的、新鲜的鸡蛋会有生石灰味，坏的鸡蛋会有一股臭味。

3　**转鸡蛋。**挑一个鸡蛋放在比较平整的地方转圈，好的鸡蛋会因为蛋黄等内部因素因重力的作用下沉，转几圈就会停下来；而坏的鸡蛋转的时间会比较长。

4　**摇晃。**如果要购买大量的鸡蛋，条件允许的情况下可以拿起鸡蛋在耳边轻轻地摇一下，如果鸡蛋发出的声音是实的，说明是好的鸡蛋；如果发出来的声音像是摇瓶子里水的声音，说明蛋里面有空洞，是不好的鸡蛋；如果鸡蛋有啪啪的声音的话，说明鸡蛋已经有破裂的现象了，不要购买。

5　**用灯照射。**如果是在超市里买鸡蛋的话，可以拿着鸡蛋放在自己眼前对着灯光照一下，若鸡蛋的透视度较好，且可以看出鸡蛋里面呈微红色，说明比较好。

6 **盐水泡**。如果对买回家的鸡蛋仍不放心，则可以用淡盐水泡一下，沉入水底的是好鸡蛋；不沉入水底，大头向下，小头向上，半沉半浮的是坏鸡蛋。

科学储存这样做

买回来的鸡蛋不要用水清洗，直接或用保鲜膜包起来放入冰箱冷藏；放的时候要大头朝上，小头朝下，这样可以防止微生物侵入蛋黄，也可保证蛋白质量；放的时候还要注意不要将鸡蛋同葱、姜、蒜等有强烈气味的食物放在一起，这会使气味通过蛋壳上的气孔渗入蛋中，加速鸡蛋变质。从冰箱取出来的鸡蛋要尽快食用，不可再久置或冷藏。

1. 鸡蛋和豆浆完全可以同食，是很好的搭配，注意豆浆要煮熟透才能喝。
2. 鸡蛋煮5分钟后食用较为保险，3分钟的是微熟鸡蛋，口感较嫩，味道较好，煮沸时间过长的鸡蛋味道变差且蛋白质消化率下降。注意，婴儿食用的鸡蛋要煮7分钟，确保将细菌全部杀死。
3. 剥鸡蛋时通常会遇到蛋壳剥不下来的情况，这时候可以将煮好的鸡蛋趁热放在冷水中浸一下，再剥就容易多了。
4. 8个月以前的婴儿不宜吃蛋清，引发湿疹、荨麻疹等疾病；不宜将鸡蛋当作主食给婴儿吃，因为婴幼儿的肠胃消化功能不成熟，吃多了会增加孩子的肠胃负担。

安全不安全

“人造蛋”并非假鸡蛋

“人造蛋”实际上是通过从植物中提取不同营养成分，研发出的与鸡蛋味道及营养价值相媲美、功能相似的蛋制品，它并不是一种新的鸡蛋品种，也没有蛋的形状，它与网络上疯传的“橡皮蛋”“假鸡蛋”截然不同。

美国加州的Hampton Creek食品公司生产了两种产品：一种是“人造蛋”（Beyond Eggs），从豌豆、菜豆、高粱等数百种植物进行试验后筛选出可以精准匹配鸡蛋的蛋白质等成分，利用生化、食品及烹调知识与技术实现与鸡蛋相似的乳化、凝结等功能特性的一种人造蛋粉。另外一种产品是“人造蛋黄酱”（Just Mayo）。创始人Josh Tetrick生产“人造蛋”和“人造蛋黄酱”的目的并不是为了素食者和担心胆固醇超标的人，而是为了降低产品价格和降低鸡蛋生产对环境的破坏。其营养价值在其具体成分尚未明确之前，很难证实与鸡蛋相媲美，其安全性也不得而知。若进入中国大陆市场，需要符合相关的法规、标准。

鸭蛋

要挑“年轻”
鸭子下的青皮蛋

鸭蛋也是我们日常生活中经常食用的蛋类之一，主要含蛋白质、脂肪、钙、磷、铁、钾、钠等营养成分，有大补虚劳、滋阴养血、润肺美肤等功效。鸭蛋适用于病后体虚、燥热咳嗽、咽干喉痛、高血压、腹泻痢疾患者食用，也适用于咳嗽、齿痛等。

新鲜安全这样挑

1 **看颜色**。淡蓝色青皮的鸭蛋基本上都是“年轻”鸭子产的，“年轻”鸭子年轻力壮，产蛋有力，钙的成分也多一点，外壳也厚一点，不易碰坏；白皮的鸭蛋一般是鸭龄较老的鸭子产的，鸭老体衰，产蛋无力，外壳薄一些，容易碰坏。

2 **听声音**。拿起鸭蛋摇晃一下，没有声音的是好的鸭蛋，有响声的是坏的。鸭蛋和鸡蛋一样，也会出现人造鸭蛋，其鉴别方法和鸡蛋基本一样。

挑选咸鸭蛋

咸鸭蛋是以新鲜鸭蛋为主要原料经过腌制而成的再制蛋，营养丰富，富含脂肪、蛋白质及人体所需的各种氨基酸、钙、磷、铁、各种微量元素、维生素等，易被人体吸收，咸味适中，老少皆宜。挑选咸鸭蛋可以注意以下几点。

1 **看产地**。咸鸭蛋的产地非常重要，生产在水乡的鸭蛋质量很好，其制成的咸鸭蛋也相对较好。所以尽量选择江苏、湖南、湖北、浙江等水乡的鸭蛋，此外，山东微山湖的鸭蛋也比较有名。

2 **看外观**。好的咸鸭蛋外壳光滑，没有裂缝，蛋壳略呈青色；如果蛋壳颜色很深或者呈灰黑色，说明其质量有问题，不宜购买。

3 **晃一下**。手拿咸鸭蛋使劲晃一晃，如果感觉蛋里面有晃动或者流动感，说明是好的，反之没有晃动的感觉，说明质量一般。

4 **检查包装**。市场上卖的咸鸭蛋为了延长保质期，会采用真空包装，购买时注意包装有没有漏气的地方，一旦漏气咸鸭蛋就容易变质了。

5 **闻味道**。买回来的咸鸭蛋，闻一闻它的气味，若有很大的咸味或者刺鼻的腐臭味，说明鸭蛋腌制工艺很差，鸭蛋变臭了，不宜再食用。

6 **看蛋黄**。购买时，若是能剥开一个咸鸭蛋看看蛋黄就更好了。优质的咸鸭蛋蛋黄颜色均匀，用筷子轻轻一挑会流出黄油；劣质的咸鸭蛋蛋黄颜色深浅不一，可能含非法添加剂。

科学储存这样做

1 将买回来的鸭蛋放入冰箱冷藏保存，大头朝上，小头朝下，保证鸭蛋的质量。

2 保存熟的咸鸭蛋时，如果是夏天比较热的时候，放在冰箱冷藏保存即可；如果是冬天，放在通风干燥处保存即可。

3 盐水腌制的咸鸭蛋不宜长期浸泡在腌制罐里，可以把咸鸭蛋拿出来煮熟晾干后再放回盐水里，随吃随取，这样既能保证咸鸭蛋长时间放置不变质，也不会让鸭蛋越放越咸。

4 包泥腌制的咸鸭蛋，要保持皮的湿润，置于阴凉处，可保证半年不坏。

1. 服用左旋多巴、解热镇痛药氨基比林时，不宜食用咸鸭蛋。
2. 幼儿、儿童、老年人、孕妇及有高血压的成年人不宜吃很多的咸鸭蛋，以免盐分摄入过量，影响身体健康。

鹌鹑蛋

新鲜程度与蛋壳上的花纹无关

鹌鹑蛋的营养价值不亚于鸡蛋，丰富的蛋白质、脑磷脂、卵磷脂、赖氨酸、胱氨酸、维生素A、维生素B_1、维生素B_2、铁、磷、钙等营养物质，可补气益血，强筋壮骨。鹌鹑蛋中氨基酸种类齐全，含量丰富，各种营养素的含量略高于鸡蛋、鸭蛋等个头较大的蛋类，且其大小非常方便食用，所以是虚弱患者、老人、儿童及孕妇的理想滋补食品。

新鲜安全这样挑

1. **看外表**。新鲜的鹌鹑蛋，外壳坚硬，富有光泽，仔细观察的话，其表皮上有细小的气孔，没有的话就是陈蛋。
2. **看颜色**。新鲜的鹌鹑蛋外壳呈灰白色，带有红褐色或紫褐色的斑纹，色泽鲜艳。
3. **轻摇**。用手轻轻摇一下鹌鹑蛋，没有声音的是鲜蛋，有水声的是陈蛋。

4　**做实验**。有条件的话，将鹌鹑蛋放入冷水中，下沉的是鲜蛋，上浮的是陈蛋。

科学储存这样做

鹌鹑蛋外面有保护层，生鹌鹑蛋常温下可存放45天，熟的可存放3天。如果天气太热，可以将买回来的鹌鹑蛋在没有清洗的时候，大头朝上，小头朝下放在保鲜盒中，放入冰箱冷藏室保存即可。取出的鲜蛋要尽快食用，不宜再久置或冷藏。

1. 鹌鹑蛋的新鲜程度与蛋壳花纹无关，蛋壳颜色取决于遗传和产卵的环境。产蛋在草堆里，颜色接近草色；位于杂草和乱石中，蛋壳斑杂。
2. 中医学认为，鹌鹑蛋与韭菜同食，可缓解肾虚、腰痛、阳痿。

皮蛋

好的皮蛋掂起来有颤动感

皮蛋，又叫松花蛋、变蛋，是中国特有的、汉族人发明的一种食品，风味特殊，能促进食欲。中医学认为，皮蛋可以泻肺热、醒酒、治泻痢、去肠火，常用来治疗咽喉痛、声音嘶哑、便秘等。皮蛋多用鸭蛋腌制，加工方法通常有浸泡、包泥两种。一般浸泡法制成的较鲜嫩，包泥法制成的易于保存。

新鲜安全这样挑

1 **看蛋壳**。质量好的皮蛋，蛋壳呈茶青色。若是包泥的皮蛋，剥掉包料后的蛋壳应该是完整、颜色呈灰白或青铁色的，黑壳蛋以及裂纹蛋都是劣质蛋。还可以观察蛋外壳上的涂料泥，泥身完整且有扑鼻的碱味的是好的皮蛋，泥身脱落严重或有异味的是坏的。

2 **掂一下**。将皮蛋轻轻抛掂，连抛几次，手感颤动大，有沉重感的为优质皮蛋；手感蛋内不颤动的为死心蛋；手感颤动和弹性过大的则是溏心蛋。

3 **摇晃**。用拇指和中指捏住蛋的两头在耳边上下摇动，听其内有无响声或撞击声。优质皮蛋有弹性而无响声，反之为劣质蛋。

4 **切皮蛋**。有条件的话，可以用刀切蛋黄，不沾刀或少许沾在刀刃上，而且蛋黄剖面光洁的，就是好皮蛋。

5 **品尝**。若商家允许品尝的话，最好品尝一下。肉质细嫩、味美浓香、清凉爽口的是优质皮蛋；若蛋白和蛋黄色暗、口尝肉质粗硬、有辛辣味甚至臭味，则是劣质皮蛋。

科学储存这样做

将皮蛋放在塑料袋中密封保存，置于阴凉通风处，可保存3个月左右不变味。需要注意的是，不可以把皮蛋放入冰箱保存，这样不仅会改变皮蛋的味道，还会使皮蛋变黄。

1. 传统皮蛋制作工艺要用到黄丹粉(氧化铅)，所以松花蛋含铅量较高，经常吃这样的松花蛋有造成血铅超标的危险，所以应小心。
2. 目前市场上大多数为无铅松花蛋。无铅松花蛋用硫酸铜和硫酸锌代替了含铅的黄丹粉，这样的松花蛋含铅量大大下降。
3. 松花蛋在制作过程中需要加入纯碱和生石灰等碱性较强的物质，对胃肠道有一定的刺激作用。所以不适合幼儿和儿童经常食用。成年人食用时也要浇一些醋和姜汁或姜丝，以中和部分碱性并使味道更加鲜美。

牛奶

优质牛奶微甜，
无分层无沉淀

牛奶，最古老的天然饮料之一，被誉为“白色血液”，对人体具有非常重要的作用。牛奶富含矿物质、钙、磷、铁、锌、铜、锰、钼，最难得的是，牛奶是人体钙的最佳来源，而且钙磷比例非常适当，利于钙的吸收。

新鲜安全这样挑

1 **闻味道**。新鲜优质的牛奶有鲜美的乳香味，有酸味、鱼腥味、臭味的牛奶则已经变质。

2 **看包装**。购买时要观察包装是否有胀包、奶液是否是均匀的乳浊液，如发现奶瓶上部出现清夜，下层呈豆腐脑沉淀在瓶底，说明奶已经变酸变质了。

3 **品尝**。如商家允许品尝，可以先尝一下。新鲜的牛奶有微微的甜味，香气不浓烈；如果有苦味或酸味，说明牛奶原材料质量差；如果有浓香或很甜的味道，说明放了香精或增味剂。

4 **加热**。将买回来的牛奶加热，如果在牛奶还没有沸腾的时候就出现分层或凝聚现象，说明奶中的微生物已经大大超标。

5 **试验**。如果想要检测已经买回来的牛奶的质量，可以把牛奶倒在干净玻璃杯里，停几分钟，再倒出去。如果杯壁上出现均匀一层薄薄的挂杯，是正常的。但如果杯壁上有细小颗粒、细小团块，说明原奶曾经有过结块现象，表示原料奶质量不好。

科学储存这样做

牛奶不宜受灯光、日光照射，会破坏牛奶中的数种维生素，也会使其丧失芳香。所以鲜牛奶要放在阴凉处，最好是冰箱里保存。倒入杯子里没有喝完的牛奶切不可倒回原来的瓶子，直接盖好盖放入冰箱即可。注意，牛奶不宜冷冻，冷藏即可。

1. 有机奶风味自然爽滑，安全性很高，抗生素残留很低，农药残留也很少，不会使用激素，对小宝宝的安全非常有利，但并不意味着有机奶要比普通牛奶的营养成分更多。
2. 不要认为高价的盒装奶就是好的，其品质与价格不一定成正比，因为它的价格中包含了包装、广告、营销费、利润等很多方面。
3. 巴氏消毒的冷藏奶只能在冷藏条件下48小时内使用；屋脊盒装奶可以在冷藏室放7~10天；枕袋装奶可以常温放40天；方盒装奶可以常温放8个月。冷藏的奶更能保持新鲜牛奶的营养和口味品质。
4. 人为添加强化了钙的高钙奶是否像宣传的那样有意义尚有待商榷。牛奶本身含钙量就很高，再往里加钙意义不大。因为外加钙太多会导致牛奶蛋白质的沉淀，影响口感，而且外加的钙不一定是牛奶中原有钙的状态。所以牛奶中添加的钙很可能吸收率并不高。

5 含乳饮料不能代替牛奶。含乳饮料中只有一部分是牛奶，其余的主要是水分。与牛奶的营养价值不能相提并论。市场上有一些含乳饮料的包装袋上，往往用大号字写“活性奶”“鲜牛奶”等名称来模糊顾客视线，其实仔细看的话，旁边会有“含乳饮料”的字样。我们在挑选时一定要看仔细。

6 乳糖不耐受者不可以空腹喝牛奶，空腹喝牛奶更容易造成腹部不适或腹泻。可以先吃些碳水化合物高的食物，然后再喝牛奶。

豆腐

微黄有光泽，
味香有弹性的品质好

豆腐是传统的汉族豆制品，诞生于安徽省六安市寿县与淮南市之间的八公山上，因此寿县又被称为豆腐的故乡。豆腐的发现，让人体对大豆的吸收和利用变得更加容易。时至今日，豆腐已有两千一百多年的历史了，可制作出品种繁多的菜肴。豆腐高蛋白，低脂肪，具有降血压、降血脂、降胆固醇的功效。

新鲜安全这样挑

1 **看颜色。**正常优质豆腐的颜色应该略带点微黄，稍有光泽；次质的豆腐色泽变深至浅红色，无光泽；如果豆腐过于死白，可能添加了漂白剂，不宜购买。

2 **闻味道。**常温下闻豆腐的味道，好的豆腐有其特有的香味；次一些的豆腐香气平淡；劣质豆腐有豆腥味、馊味等。

3 **摸一下。**购买的时候，可以摸一下豆腐，好的豆腐有弹性；次一些的弹性差，表面发黏，用水冲洗后不黏手；劣质豆腐无弹性，表面发黏，用水冲过后仍黏手。

4　**品尝。**购买时，可以要求商家让自己品尝一下，优质豆腐口感细腻、味道纯正、清香；次一些的豆腐口感粗糙、味道平淡；变质的豆腐有酸味、苦味、涩味及其他不好的滋味。

科学储存这样做

1　不立即食用的豆腐，可放入冰箱低温保存，存放时间不宜太长，2天左右。

2　将豆腐放在加有少许食盐的冷水盆内，放在通风阴凉处，每天勤换水（带盐），夏天最少可存放2天，冬天最少可存放3~4天。

豆腐蛋白质含量高，质量好，可以与肉相媲美。用豆腐代替一部分肉类，可以避免肉食摄入过多所造成的肥胖、心血管疾病、高脂血症等问题。

豆腐中含有的大豆固醇可以减少胆固醇的吸收，血胆固醇高者可以经常选用豆腐来代替肉类。

豆腐的消化吸收率低于肉类，大量吃豆腐时，未消化的部分在结肠发酵造成腹胀，引起类似消化不良的症状。所以豆腐或豆制品在摄入时应根据个人情况适量为宜。

豆腐皮

好的豆腐皮有韧性，不黏手

豆腐皮也是汉族传统的豆制品，其营养丰富，蛋白质、氨基酸含量高。中医学认为，豆腐皮有清热润肺、止咳消痰、养胃、解毒、止汗等功效。现代科学测定，豆腐皮含有铁、钙等人体必需的18种微量元素，适合中老年人及高脂血症、肥胖者多食用。

新鲜安全这样挑

1 **看色泽**。优质的豆腐皮呈均匀一致的白色或淡黄色，有光泽；次质的豆腐皮呈深黄色或色泽暗淡发青，无光泽；劣质的豆腐皮色泽灰暗而无光泽。

2 **闻气味**。购买时可以闻一下豆腐皮的味道，优质豆腐皮具有豆腐皮固有的清香味，无其他任何不良气味；次质豆腐皮其固有的气味平淡，微有异味；劣质豆腐皮具有酸臭味、馊味或其他不好的气味。

3 **尝味道**。购买时也可以撕一小块尝一下。优质豆腐皮具有豆腐皮固有的滋味，微咸；次质豆腐皮其固有滋味平淡或稍有异味；劣质豆腐皮有酸味、苦涩味等不好的滋味。

4 **看组织结构**。购买时取一块样品进行观察，并用手拉伸试验其韧性。优质豆腐皮的组织结构紧密细腻、富有韧性、软硬适度、薄厚度均匀一致、不黏手、无杂质；次质豆腐皮的组织结构粗糙、薄厚不均、韧性差；劣质豆腐皮的组织结构杂乱、无韧性、表面发黏起糊、手摸会黏手。

科学储存这样做

豆腐皮在常温下不易保存，可将其泡在清水中，夏天要半天换一次水，冬天要2~3天换一次水，吃的时候用水冲洗一下即可，可保存一段时间。如想长时间保存，可以用保鲜袋包好放入冰箱冷冻，吃时化冻即可。也可以放在冰箱冷藏，但保存时间较短，不要超过2天。

一般人均可食用豆腐皮，孕妇产后、老人和小孩尤其适合食用。经常腹泻的人忌食豆腐皮。

豆腐干

补充钙质的好选择

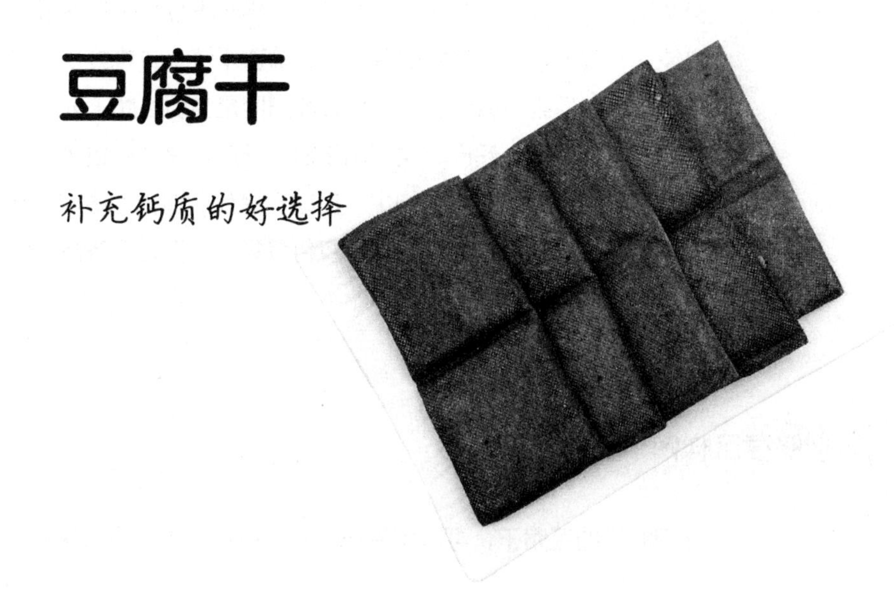

豆腐干，俗称豆干、干子，是豆腐的再加工制品，咸香爽口。豆腐干有卤干、熏干、酱油干等，是佐酒下饭的最佳食品之一，也便于旅途携带和食用。豆腐干营养丰富，含有大量蛋白质、脂肪、碳水化合物，还有钙、磷、铁等多种人体所需的矿物质，可补充钙质，适合生长发育期的儿童及处于骨钙流失期的老年人。

新鲜安全这样挑

1 **看色泽。**优质豆腐干呈乳白或淡黄色，稍有光泽；次质豆腐干颜色会变深；劣质豆腐干呈深黄或略红或绿，无光泽。

2 **看外观。**良质豆腐干形状整齐，有弹性，细嫩，挤压后无液体渗出；次质豆腐干不整齐，粗糙，弹性差，切口处可挤压出水；劣质豆腐干粗糙，无弹性，表面发黏，切口处有水流出。

3 **闻气味。**购买时闻一下豆腐干的气味，优质豆腐干气味清香；次质豆腐干香气平淡；劣质豆腐干有腐臭味或馊味。

4　**尝味道**。在商家允许的情况下，可以品尝一下豆腐干的味道。味道纯正，咸淡适中的是好的豆腐干；味道平淡，或咸或淡的是次质豆腐干；品尝时有苦、涩、酸等味道则是劣质豆腐干。

5　**看包装**。在商场、超市购买豆腐干时，一般都是真空包装的，购买时要注意查看包装袋上的生产日期及保存日期，尽量购买与生产日期相近的食品。另外，要检查包装袋上标签是否齐全，包装袋有无漏气现象。

科学储存这样做

1　食用剩下的豆腐干，可以用保鲜袋扎紧放在冰箱内冷藏保存，但应尽快吃完。

2　将豆腐干用保鲜袋包好，放入冰箱冷冻，可保存较长时间。

1　有些豆腐干中钠的含量比较高，所以糖尿病、肥胖或其他慢性病如肾脏病、高脂血症患者要慎食。老人、缺铁性贫血患者尤其要少食。

2　消费者在选购豆腐干时要注意，中老年人和想控制体重的人群不适宜选购或食用含油量较高的豆腐干。为了确保身体的健康，豆腐干盐分也不宜过高。

腐竹

枝条完整且有弹性
的腐竹质量好

腐竹别名豆筋，是非常经典的中式豆制食品，有着其他豆制品所不具备的独特口感。从营养的角度来说，腐竹也有着别的豆制品无法取代的特殊优点。和一般的豆制品相比，腐竹的营养素密度更高，其脂肪、蛋白质、糖类等能量物质的比例非常均衡。这种食品在运动前后吃，可以迅速补充能量，并提供肌肉生长所需要的蛋白质。

新鲜安全这样挑

1 **看色泽**。好的腐竹颜色呈淡黄色，有光泽；差一些的腐竹色泽较暗或者泛青白、洁白色，无光泽；劣质的腐竹呈灰黄色、深黄色或黄褐色，色暗无光泽。

2 **看外观**。好的腐竹是枝条或片叶状，质脆易折，条状腐竹折断有空心，无霉斑、杂质、虫蛀；次一些的腐竹也是枝条或片叶状，但有较多的碎块或折断的枝条，较多实心条。

3 **闻气味**。购买散装腐竹时可以闻一下气味。好的腐竹有其固有的香味，无其他任何异味；次一些的腐竹香味平淡；劣质腐竹有霉味、酸臭味等不良气味。

4 **尝味道**。购买散装腐竹时，可以拿一块在嘴里咀嚼一下。好的腐竹有其固有的鲜香味；次一些的腐竹味道平淡；劣质腐竹有苦味、酸味或涩味等不良滋味。

5 **浸泡**。如果对买回家的腐竹仍不放心，可以用温水浸泡10分钟左右，若泡出的水是黄色且没有浑浊，说明是真腐竹；若泡出的水呈黄色且浑浊，说明是假腐竹。

6 **测弹性**。同样用温水泡腐竹，泡软之后拿出来轻拉，有弹性的是真的腐竹，没有弹性的是假的。

科学储存这样做

1 买回来没有泡过的腐竹，若是袋装的，可以将剩下的腐竹封好，放在通风干燥处保存即可；若是散装的，可以放在密闭性很好的防潮盒中，同样放在通风干燥不易发霉受潮的地方保存即可。

2 泡过没有吃完的腐竹，可沥去水分，用保鲜膜包起来，放入保鲜柜冷藏或冷冻即可。

1 腐竹的热量较其他豆制品要高一些。所以，需要控制体重的人最好少吃腐竹，或在吃腐竹的时候适量减少肉类或烹调油的用量。

2 腐竹的营养价值很高，但需要限制蛋白质摄入的疾病如慢性肾功能不全、慢性肝功能不全者应慎食。

6 安全买调料篇

食盐

暴露在空气中易结晶

食盐可以说是人类生存最重要的食物之一，也是烹饪中几乎必不可少的调味料。它的主要成分是氯化钠，是一种中性的无机盐，在商场上我们会看到加碘盐、加锌盐、加硒盐、低钠盐、加钙盐、加铁盐、核黄素盐等等，这些就是所谓的营养盐，即在优质食盐中添加人体所需的多种微量元素或者调整其中某些元素的含量。中医学认为，食盐具有清热解毒、凉血润燥、滋肾通便、杀虫消炎、催吐止血的功能。

新鲜安全这样挑

盐的种类也很多，但无论什么种类，挑选时都应该符合这样几个要求。

1　**看颜色**。颜色看上去要洁白，结晶呈透明或半透明状态。

2　**看结晶**。结晶整齐一致，坚硬光滑，不结块，无反卤吸潮现象。

3　**无杂质**。检查盐里有无杂质，闻一下有无异味。

4　**品尝**。条件允许时，尝一下是否是纯正的咸味，有没有其他味道。

科学储存这样做

在保存食盐时应将其放在有盖的瓶或罐内，使用前后都要密封保存，避免结晶。

1. 研究发现，盐的摄入量越多，尿中排出的钙越多，钙的吸收就越差。因此应当培养清淡饮食习惯，成人每天食盐摄入量建议为不超过6克。
2. 钾对血压的影响效果与钠相反，钾通过扩张血管、降低血管阻力来降低血压，还能通过促进尿钠排出来调节血压。所以，钾盐可以部分代替钠盐作为高血压患者的日常用盐。
3. 在选择食用硒营养盐时注意适量，过量补充硒元素可能会产生不良反应。
4. 食用低钠盐可有效减少患上高血压、心脏病等心血管疾病的危险。但对一般人而言，长期食用低钠盐益处不大。低钠盐含钠量低，口味较淡，人们在烹调时往往要加入更多的低钠盐来调味，这样加起来与普通食盐相差无几，失去了选择低钠盐的意义。
5. 炒菜或炖汤时在菜或汤快熟的时候放盐，以减少碘的损失。
6. 孕妇及普通人群，适宜食用绿色加碘精制盐；中老年人、患有心脑血管疾病的患者及普通人群，适宜食用海水低钠盐、竹香低钠盐、海藻盐等；亚健康的人群适宜食用美鲜富竹盐、低钠竹盐等。

糖

无杂质，
不结块的是好糖

这里所说的糖是指作为调料或配料用的白糖、红糖或冰糖等食用糖。白糖包括白砂糖和绵白糖，白砂糖颗粒呈结晶状，颜色洁白，甜味纯正，甜度稍低于红糖，常用于烹调中；绵白糖呈粉末状，色泽微黄稍暗，甜度与白砂糖差不多，质量较白砂糖稍差。红糖根据其结晶颗粒大小不同分为赤砂糖、红糖粉和碗糖。冰糖是砂糖结晶再制品，有白色、微黄、淡灰等色，还有些主要用于出口的添加了食用色素的彩色冰糖。

新鲜安全这样挑

虽说都是糖类，但由于其颜色、大小、形状等的不同，挑选方法及标准也有所不同。下面就为大家一一说明。

白糖的挑选

1　**看颜色**。优质白砂糖色泽洁白明亮，有光泽；次质白砂糖白中略带浅黄色；劣质白砂糖颜色发黄，暗淡无光泽。精制绵白糖色泽洁白，质量较好；土法制的绵白糖色泽微黄稍暗，质量较差。

2 **看组织状态**。颗粒大如砂粒，晶粒均匀整齐，晶面明显，无碎末，糖质坚硬的是好的白砂糖；好的绵白糖颗粒细小而均匀，质地绵软、潮润。次质白糖晶粒大小不均匀，有破碎及粉末，潮湿，松散性差，黏手。劣质白糖有吸潮结块或溶化现象，有杂质，糖水溶液可见有沉淀。

3 **触摸**。用手摸白糖时，若白糖不黏手，说明糖内水分少，不易变质，容易保存。

4 **闻气味**。购买散装白糖时，可捏一些白糖闻一下气味。优质白糖具有白糖的正常气味；次质白糖有轻微的糖蜜味；劣质白糖有酸味、酒味或其他外来气味。

5 **尝味道**。购买时也可在商家允许的情况下品尝白糖的味道。优质白糖具有纯正的甜味；次质白糖滋味基本正常；劣质白糖滋味不纯正或有外来异味。

6 **看包装**。若是购买袋装的白糖，一定要观察包装上的各种标识是否规范、齐全，还要注意生产日期，搁置一年以上的最好不选。

红糖的挑选

1 **看颜色**。红糖呈棕红色或黄褐色，颜色越深的红糖质量越差，因为这种红糖的生产是经三次熬糖、两次提取糖分后剩下的糖，里边的色素、杂质、焦糖较多，颜色就看起来比较深。这样的红糖不经过洗糖工序，所以糖的质量差。

2 **看形状**。一般优质红糖呈晶粒状或粉末状，干燥而松散，不结块，不成团，无杂质；如果红糖结块或受潮溶化，说明质量比较一般；如果红糖里有杂质或其他不明物质，表明红糖质量较差。

3 **闻气味**。优质的红糖具有甘蔗汁的清香味；一般的红糖气味比较淡；劣质红糖有酒味、酸味或其他不正常的气味。

4 **尝味道**。购买时可在商家允许时取少许红糖放在口中用舌头品尝。口味浓甜带鲜，微有糖蜜味的红糖品质较好；滋味比较正常，没有特殊蜜味的红糖质量一般；有焦苦味或其他异味的红糖质量较差。

5 **看包装**。在购买袋装红糖时，要注意检查包装上的各种标识是否符合标准，如生产许可、QS质量标志、生产产地、生产日期等。此外还有等级标志，即红糖是合格品、一等品还是特级的。注意：最好不要买散装的红糖，因为散装的红糖容易被各种细菌、灰尘等污染，特别是暴露在外面的。

6 **看需求**。购买时可以根据自己的需求来选择。产妇红糖是针对产后恢复用的红糖；姜汁红糖是月经期的女性服用的红糖；阿胶红糖是滋养女性的红糖等。

冰糖的挑选

1 **看色泽**。质量较好的冰糖透明无杂质，呈淡淡的黄色。如果是特别白，特别透明，就表示该糖加工工艺太多，不太好。

2 **看形状**。好的冰糖块形完整，大小均匀，结晶组织严密，无破碎。

科学储存这样做

1 保存白糖或红糖时最好放在瓷罐或玻璃瓶中，一定要盖紧盖子，防止空气进入。将容器放在阴凉、通风处，不可以在日光下暴晒或放在发热的东西附近。

2 保存冰糖时，若是有包装袋的，一定要将包装袋密封严实，或者将其倒入容器中密封。存放时一定要放在阴凉通风处，以免受潮。若发现有受潮情况，要放在阳光下暴晒至干爽或用电风扇吹干。存放时间不可超过一年半，已经融化了的要丢掉，以免有细菌。

1. 晚上睡前不宜吃糖，吃糖后应及时漱口或刷牙，以防龋齿的产生。尤其是儿童，睡前吃糖最容易坏牙。
2. 糖尿病、高血糖患者，痰湿偏重者必须忌食糖。
3. 老年人、阴虚内热者不宜多吃红糖；产妇适合食用红糖，但时间不要太久，半个月为佳。
4. 红糖除了具备糖的功能外，还含有维生素和微量元素，如铁、锌、锰、铬等，营养成分略高于精制白糖。

味精

提鲜调料酌情用

味精是调味料的一种，其主要成分是谷氨酸钠。谷氨酸是一种人体必需的氨基酸。味精是谷氨酸与钠结合形成的盐。就其成分和用量来讲，它对人体没有直接的营养价值，主要作用是增加食品的鲜味。由于味精含有一定的钠，所以也可以算作是钠的一个来源。

新鲜安全这样挑

1 **选场所。**购买味精一定要到正规的商场或超市，因为这些经销企业对经销的产品一般都有进货把关，其产品质量和售后服务有保证。另外，尽量选购不易掺假的结晶形态的纯味精（99%味精）和特鲜（强力）味精，切勿贪图便宜，以免购买到含量不达标的产品。

2 **看包装。**味精产品是食品生产许可证的发证产品，选购时，应尽量选择包装袋上印有“QS”标志的味精产品，因为这些产品的生产企业已获得了食品生产许可证，产品质量有保障。

3　**看形态**。品质好的味精结晶体呈细长的八面棱柱形晶体，颗粒比较均匀、洁白、有光泽，基本透明，无杂质，无结块，无其他结晶形态的颗粒，流动性好。

4　**看外观**。真的味精有固定的结晶形态，为八面棱柱形结晶。如果在结晶中发现其他形态的颗粒，如粉末或颗粒，则说明有掺假现象。

5　**品尝**。商家允许的情况下，可以取少量味精放在舌尖上，感觉冰凉且味道鲜美，有点腥味的为合格品。若尝后有苦咸味而无鱼腥味，说明掺入了食盐；若尝后有冷滑、黏糊之感，并难于溶化，有白色的大小不等的片状结晶，说明掺进了石膏或木薯淀粉；若口尝是甜味，则掺加物是白糖。

科学储存这样做

味精吸潮性很强，所以最佳储存方式是将其置于干燥、密封的容器内，放在通风干燥处。不用时要拧紧盖子，以免受潮。这样可以保存很长时间不变质。

谷氨酸钠（也就是味精）对健康的影响一直有争论。20世纪60年代，有人在《新英格兰医学杂志》上发表了一篇短文，描述在中国餐馆吃饭时出现四肢发麻、悸动、浑身无力等症状，当时引起了很大反响。有人把此症状命名为“味精综合征”，还有人称之为“中国餐馆综合征”。但随后几十年进一步的研究显示，以上症状与味精没有直接关系。从目前的主流证据来看，没发现味精有明确的影响健康的作用。特别是它们作为调味品，用量很小，所以是安全的。

醋

酿制的食醋久置
会有少许沉淀

醋在中国古代称为酢、醯、苦酒等，是中国各大菜系的传统调味品。我国名醋很多，有山西老陈醋、四川麸醋、镇江香醋、江泊玫瑰米醋、丹东白醋、凤梨醋和香蕉醋等。国外的许多商店里还有酒精醋，如葡萄酒精醋、苹果醋、葡萄醋、麦芽醋、蒸馏白醋等等。醋的种类繁多，不同的醋有不同的制作方法和流程。民间认为，经常喝醋能够解除疲劳，还可以治感冒。

新鲜安全这样挑

1 **看颜色。**醋有红色和白色（透明）两种，优质红醋为琥珀色或红棕色，优质白醋无色透明，无沉淀物、悬浮物、霉花浮膜。假醋多用工业酸兑水而成，颜色浅淡，发乌。

2 **闻气味。**优质醋闻起来有酸味，香味浓郁，无其他异味。假醋开瓶闻时酸气冲眼睛，无香气。

3 **尝味道。**优质食醋酸度虽高但无刺激感，酸味柔和，稍有甜味，不涩，无其他异味。假醋口味单薄，除酸味外，有明显苦涩味。

4 **摇醋瓶。**一般酿制食醋时，其原料在发酵过程中产生丰富的氨基酸和蛋白质，摇晃醋瓶时会有丰富的泡沫，且持久不消；配制食醋或劣质食醋虽然也有泡沫出现，但比较短暂。

5 **看包装。**醋是我们国家最早实施市场准入制度的产品之一，也就是说如果醋要上市的话，必须贴上QS标识，QS标识的有效期为3年。另外，食醋产品的标签应标明产品类别，即是液态发酵还是固态发酵；醋酸含量，醋酸含量是食醋的一种特征性指标，其含量越高说明食醋酸味越浓。一般来说食醋的醋酸含量要≥3.5克/100毫升。

科学储存这样做

若购买的是散装醋，那么，装醋的容器一定要干净无水，在容器中加入几滴白酒和少量食盐，混匀放置，可使食醋变香，贮存较长时间。也可以在容器中加少许香油，使表面覆盖一层油膜，可防止醋变质。注意不要用铜器盛放食醋，防止发生化学反应。

1. 胃溃疡和胃酸较多的人不宜食醋；对醋过敏者忌食醋。食醋过敏会出现皮疹、瘙痒、水肿、哮喘等症状。
2. 空腹时不要喝醋，以免刺激分泌过多胃酸，伤害胃壁。另外，饭后1小时喝醋比较不刺激肠胃，还能帮助消化。
3. 酿制醋瓶底部一般都会有少许沉淀，而配制醋瓶底部十分干净，不会有什么沉淀。
4. 人工合成醋由可食用的冰醋酸稀释而成。其醋味很大，但无香味。冰醋酸对人体有一定的腐蚀作用，使用时应进行稀释，一般规定冰醋酸含量不能超过3%~4%。这种醋不含食醋中的各种营养素，因此不容易发霉变质，但因没有营养作用，只能调味。所以，若无特殊需要，还是以吃酿制食醋为好。

葱

葱白长，葱叶青的更实惠

葱是非常普遍的一种调味品或蔬菜，在东方烹调中充当非常重要的角色。葱中含有葱辣素，对人体健康有益。因为葱具有很好的调味和食疗价值，所以葱的使用非常广泛，炒菜、做汤面时都会用到。经常吃葱可解热、祛痰，促进消化吸收，抗菌、抗病毒，防癌抗癌等。

新鲜安全这样挑

1. **看颜色**。葱白呈白色，叶子呈鲜绿色的是新鲜的葱；葱白上有黑点，叶子变黄且蔫掉的是放置了很久不新鲜的葱。
2. **看形状**。选葱时，要选较直的、葱白长的大葱，不要挑弯的。葱白多一些较实用。
3. **看手感**。挑葱时，可以用手捏捏葱的质感。如果葱捏起来很紧实，感觉很有水分，说明是好的葱；如果捏起来很松，表皮也起了褶皱，说明这个葱已经放了有一段时间了，不新鲜。

4 **看时节**。大葱因上市时间不同而分鲜葱和干葱两种。鲜葱秋季上市，新鲜的鲜葱青绿，无枯、焦、烂叶，葱株粗壮匀称、硬实，无折断，扎成捆，葱白长，管状叶短、无泥水，根部不腐烂。干葱经贮藏后冬季上市，新鲜的干葱葱株粗壮均匀，无折断破裂，叶干燥、不抽新叶。

科学储存这样做

1 将新鲜的大葱根部直接插在清水中，不仅可以防止腐烂，而且还能让其再生长。

2 先将买回来的葱放在阴凉通风处，把水分完全放出去，需要大约一个星期左右；再分成捆儿捆好，葱根朝下放在阳台或窗户等通风阴凉处即可。注意不能放在温度高的地方；别沾水，否则容易腐烂；不吃时别动它，否则易变空心。

1 葱的主要功效是祛风发汗、解毒消肿，所以伤风感冒、头痛鼻塞、咳嗽痰多、发热无汗、腹痛腹泻、胃口不开者宜食；头皮屑多且痒的人宜食；孕妇宜食；脑力劳动者尤宜食。

2 葱对汗腺刺激作用较强，有腋臭的人在夏季应慎食，表虚多汗者也应忌食；患有胃肠道疾病特别是溃疡病的人不宜多食。另外，过多食用葱会损伤视力。

生姜

注意鉴别硫黄姜

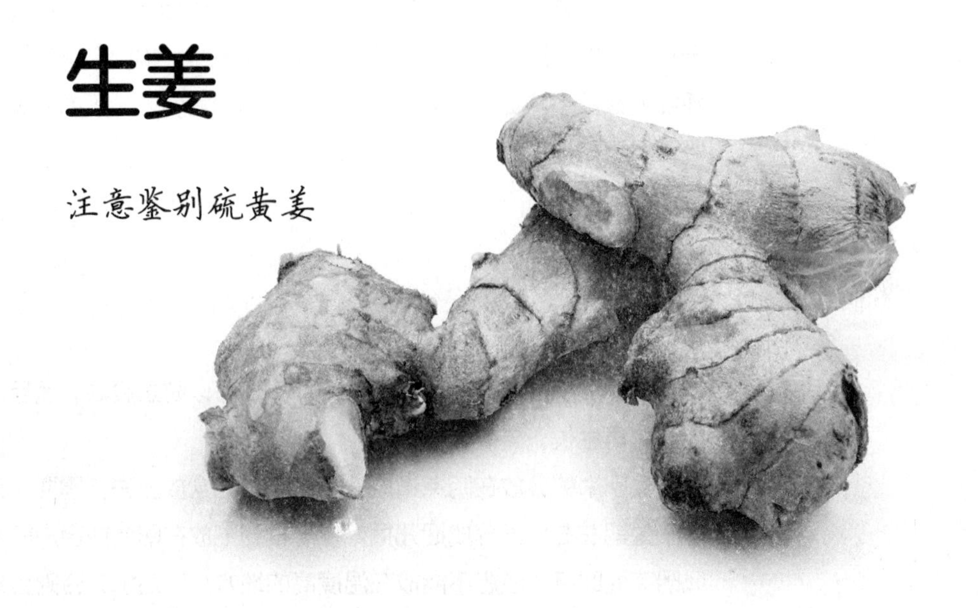

生姜是我国中医主要的药用食材，我国自古以来就有“生姜治百病”的说法，其功效很多，是治疗恶心、呕吐的良药。我国民间有这样的说法，“冬吃萝卜夏吃姜，一年四季保健康”，说的就是生姜的作用。夏季炎热，吃生姜可排汗降温，缓解疲劳、厌食、失眠、腹胀、腹痛等证。

新鲜安全这样挑

1 **看颜色**。正常的生姜较干，颜色发黄；较水嫩，颜色呈浅黄色的是硫黄姜。

2 **看表皮**。用手搓姜的表皮，如果皮很容易搓掉，掰开之后内外颜色差别较大的有可能是硫黄姜。

3 **闻气味**。闻生姜的表面有没有异味或硫黄味，若没有则是正常的姜，若有则是硫黄姜。

4 **尝味道**。用手抠一小块生姜放在嘴里尝一下，姜味不浓或是有其他味道要慎重购买。

科学储存这样做

鲜姜买回后，先放在太阳下略晒1~2个小时，以起到去除鲜姜上霉菌的作用。然后可用一只小瓦罐或大口瓶，放上七八成黄沙，要经常保持黄沙湿润。再将买回的鲜姜一块块埋在里面，略露出一点姜芽。吃的时候可以随时取用，这样放很久也不会霉烂，不会干瘪。

1. 伤风感冒引起的头痛、全身酸痛、咳嗽、胃寒疼痛、腹痛吐泻、寒性呕吐适宜食用生姜；误食生半夏、魔芋、生南星、生野芋等发生中毒时宜食；妇女产后、女性经期受寒、寒性痛经、晕车、晕船之人宜食。
2. 阴虚内热、内火偏盛之人忌食生姜；患有目疾、痈疮、痔疮、肝炎、糖尿病及干燥综合征者不宜过多食用。
3. 生姜红糖水只适用于风寒感冒或淋雨后有胃寒、发热的患者；鲜姜汁可缓解因受寒引起的呕吐，其他类型的呕吐则不宜使用。

大蒜

瓣粒饱满，不发芽的质量好

大蒜分为紫皮蒜和白皮蒜。紫皮蒜辣味浓郁，一般北方较多；白皮蒜辣味较淡，南方食用较多。大蒜含蛋白质、脂肪、钙、磷、铁、维生素B_1、维生素C、胡萝卜素、糖类、挥发油等多种营养元素，具有温中消食、行滞气、暖脾胃、消积、解毒、杀虫的功效，其特殊功效之多使它成为《时代周刊》十大最佳营养食品之一。

新鲜安全这样挑

1. **看颜色**。购买大蒜时，建议购买紫皮大蒜，因为这种大蒜的蒜味重，而且杀菌的功效要比白皮蒜更强。
2. **看外形**。一般好的大蒜是圆形的，扁的或有缺口的大蒜不好。
3. **看瓣粒**。挑选时要观察一下大蒜瓣粒。一般情况下，如果瓣与瓣之间有明显的弧度的为好蒜；如果外圈呈光滑的圆弧的话，则为粒小的蒜。

4 **触摸。**买的时候摸摸大蒜，好的大蒜摸起来是硬的，没有软的或者凹下去的蒜瓣。如果摸到软的或凹下去的蒜瓣，说明该蒜可能快要发霉或变质了，建议不要购买。

5 **从上看大蒜。**从蒜的顶尖看大蒜，饱满度非常高，哪怕大蒜都裂开了口，一粒一粒地分散开，但依旧靠下面的蒜核集中在一起的蒜最好。若大蒜顶尖发芽了，其外面的蒜瓣都是空的，不建议购买。

科学储存这样做

若购买的是干燥蒜头，则可直接放置在阴凉干燥处常温储存，大约可储存两周的时间。如果时间太长已经发芽，也不必丢弃，直接插在花盆里或者放在盘中用水泡上，就可以长出细嫩的蒜苗。青蒜、蒜黄和蒜薹如果需要储存，可以用报纸包裹好放入冰箱，这样可以保持水分，多储存几天。

1 大蒜的最佳食用方法是生吃，而且以蒜泥最好。因为大蒜中含有蒜氨酸和蒜酶这两种有效物质。一旦把大蒜碾碎，它们就会互相接触，从而形成大蒜素。大蒜素有很强的杀菌作用，但大蒜素遇热时会很快失去作用，所以吃生蒜要比熟蒜效果好。

2 眼疾、肝炎、非细菌性腹泻患者以及正处于服药期间的患者要慎食大蒜。

干辣椒

有刺鼻干香气味
的是好辣椒

干辣椒是新鲜红辣椒经过脱水干制而成的辣椒产品，主要作为调味料使用。其特点是含水量低，适合长期保存，但未密封包装或含水量高的干辣椒容易霉变。辣椒中含有的辣椒素具有抗炎及抗氧化的作用，有助于降低心脏病、某些肿瘤及其他一些随年龄增长而出现的慢性病的风险。

新鲜安全这样挑

1 **看颜色。**质量好的干辣椒呈艳红色，略带紫色，颜色有些发暗；硫黄熏过的干辣椒色泽亮丽，无斑点，用手摸时手会变黄。

2 **看外形。**好的干辣椒外形完整，没有霉变、虫蛀及杂质；质量差的干辣椒有断裂、发霉或者虫蛀现象。

3 **闻气味。**购买时抓一把干辣椒闻一下它的气味。辣味强烈，有刺鼻的干香气味的是好辣椒；太呛鼻或闻起来有化学味道的是劣质干辣椒。

4　**掂分量**。挑选时用手掂一下辣椒的分量，同体积的优质干辣椒分量很轻；劣质干辣椒则重一些，而且掺杂着黑色的干辣椒籽及树梗。

5　**捏一下**。购买时，抓一小把捏一下。优质干辣椒用手抓时，有刺手的干爽之感，用手拨弄时，会有“沙沙沙”的响声，轻轻一捏干辣椒就会破碎；劣质干辣椒用力捏也捏不碎。

6　**用水泡**。买回家的干辣椒食用之前可以先捏一小撮用水泡一下，泡出的水为浅褐色的是好的干辣椒；泡出的水为红色的是劣质干辣椒。

7　**品尝**。若商家允许，可拿一根辣椒尝一下，若辣的味道很快涌上来且保持时间较长，说明是优质干辣椒；劣质干辣椒的味道比起好的要差很多。

科学储存这样做

干辣椒的保存方法很简单，一般情况下直接放在干燥通风阴凉处存放即可。辣椒可以用塑料袋密封，也可用线穿起来挂在墙上。也可以放冰箱冷冻保存，这种方法保存较长时间不发霉不变质。注意干辣椒保存之前不要碰到水，否则会发霉。

花椒

太光滑太红的不太好

花椒既是调料也是中药材，它味道浓烈，又让人欲罢不能。一般大家常见到的花椒都是红色的，但现在市场上出现了绿色的青花椒，其实这是两种不同的品种。红花椒多产于川陕交界处，优质的红花椒麻味更重；青花椒只产于重庆，除了麻味之外，清香味更浓。烹调时，红花椒用于制作辣味重、偏重香辣风味的菜；而青花椒多用于强调清新香味的炒菜。中医学认为，花椒性温，味辛，有温中散寒、健胃除湿、止痛杀虫、解毒理气、止痒去腥的功效，可用于治疗积食、停饮、呃逆、呕吐、风寒湿邪所致的关节肌肉疼痛、脘腹疼痛、泄泻、痢疾、蛔虫、阴痒等病症。

新鲜安全这样挑

1 **看外表**。挑选时注意花椒表面疙瘩越多，说明花椒越香越麻。这是因为癞皮花椒芳香油较表面光滑的花椒更多，麻味和香味就会更浓烈。如果只想要炒菜时有一点花椒的香味，可以选择表面光滑些的花椒。

2 **看颜色**。挑选时最好买看起来是自然哑光状态（表面有点发毛，像磨砂玻璃表面）的花椒，太油亮的、太红的也不太好。要注意青花椒变黑说明没有保存好。

3 **闻气味**。购买时，抓起一小把花椒在手心握住片刻，然后闻一下手背，这是有经验的鉴别方法。如果在手背上都能闻到花椒的香气，说明是质量很好的花椒；如果闻不到气味，甚至闻到发霉味或其他异味，说明花椒已经坏了，不宜购买。

4　**捏一下**。购买时要挑选干燥的花椒，这时候就要用手去感受花椒。捏起来发出沙沙的响声的是干燥的花椒；捏起来没有声音，并且感觉手心潮湿的花椒水分大。另外，将捏完后的花椒放回去后，观察手掌，泥灰杂质多，说明花椒有掺假。

5　**尝味道**。挑选时可以随便取一粒花椒，用牙齿轻轻咬开，再用舌尖去感触，然后轻咬几下吐出，在这期间要仔细感受花椒的味道。麻味纯正的花椒才称得上是上品，带苦味、涩味等异常味道的是劣质的花椒。要提醒大家的是，尝花椒时切忌抓起几颗，甚至一小把放入嘴里嚼，那只会让舌头变得更加麻木，始终尝不出个究竟。

科学储存这样做

1　保存干花椒的方法很简单，直接将花椒放入干燥的玻璃瓶中，密封放在通风阴凉处即可。

2　保存青花椒时，先将花椒去籽，用保鲜袋装起来，再在袋中加入少量的清水，密封后放入冰箱冷冻室保存即可。这种方法保存的花椒不易变色，能保持其原汁原味。

现在很多小贩在出售花椒之前都会把花椒、八角之类的香料先用水泡，然后再晒干，以此来增加它们的重量。如果所用的水是干净的话，卫生方面倒还好，但是香料的味道会淡很多；如果连水源都不干净，就有可能会残留细菌。

八角

八瓣荚角的
大料为佳

八角，又叫八角茴香、大料，是中国及东南亚地区烹饪的调味料之一。八角的主要成分是茴香油，能刺激肠胃神经血管，促进消化液分泌，增加肠胃移动，有健胃、行气的功效，有助于缓解痉挛、减轻疼痛。八角果实中所含有的茴香油有浓烈的芳香味道，在工业上可作为香水、牙膏、香皂、化妆品等的原料，在医学上也可作祛风剂及兴奋剂。

新鲜安全这样挑

1 **看颜色。**购买八角时，会发现八角的颜色会有所区别这是因为晾晒的方式不同。选择时建议挑选深褐色的八角，这种八角的味道会比较浓厚。

2 **看外形。**之所以称茴香为八角，是因为大多数的茴香都是八个角。若是出现了九个角甚至十二个角的，很可能是用莽草来冒充的。莽草是一种剧毒植物，不小心吃到会引发身体不适，所以挑选时要数数有几个角。好的八角一眼看上去瓣角整齐，尖角平直，背面粗糙有皱纹，内表面颜色较浅，平滑有光泽。

3 **看厚度**。挑选时建议选择肉质较厚，边缝较大，可以明显看到里面籽的八角，这种八角比较成熟。

4 **闻气味**。选购的时候需要仔细闻闻八角的味道，优质八角气味芳香，有强烈而特殊的香气。

5 **尝味道**。拿一小块八角尝一下，好的八角味道甘甜。若味道太淡的就不要买了，因为有些商贩为了称重的时候压秤，会把香料先泡水之后再来卖。

6 **看种类**。根据收获季节的不同，八角有秋八角和春八角两种类型。秋八角的果实非常的饱满，而且外表颜色红亮，味道相当的浓厚，质量较好。春八角则比较的瘦小，稍稍有些青色，香气也没有秋天的明显。

科学储存这样做

像这种香料的储存方法都非常相似且简单。储存八角时，可将其放在干燥的玻璃瓶或塑料瓶中，密封放在通风干燥处即可；也可将八角放入保鲜袋中，密封放进冰箱冷冻室保存。

1 阴虚火旺者慎服八角。

2 中医学认为，八角能够治疗小肠气坠、疝气偏坠、腰重坠胀、大小便皆秘、风毒湿气、胁下刺痛等。

桂皮

香味浓郁，
无虫霉白斑的质量好

桂皮，又叫桂肉，其气味芳香，作用与茴香相似，常用于烹调腥味较重的原料，也是五香粉的主要成分，是最早被人类食用的香料之一。家庭烹调肉类时加一点肉桂，不仅可以增加香味，还能抑制氧化、减少杂环胺的产生。桂皮含有肉桂醛等芳香物质，还有丰富的类黄酮等抗氧化物质，并且还是镁的极好来源。桂皮有活血的作用，但其性热，夏季不宜多食，孕妇也不宜多食。

新鲜安全这样挑

总的来说，优质桂皮外表呈灰褐色，肉皮呈赭赤色，肉质厚，没有虫霉，无白色斑点，香味浓郁。桂皮有薄肉桂、厚肉桂、桶桂三种，所以我们在挑选时要分类进行。挑选薄肉桂时要选择外皮微细、发灰，里皮呈红黄色且肉纹细、味薄、香味少的。挑选厚肉桂时要选择皮呈紫红色，粗糙且肉厚的。桶桂要选择嫩桂树的皮，皮呈土黄色、质细、甜香且味正的。

科学储存这样做

将桂皮用塑料袋、玻璃瓶或塑料瓶装起来，密封，放在通风干燥处保存即可。

1. 桂皮适合食欲不振、腰膝冷痛、风湿性关节炎、心动过慢的人食用；妇女产后腹痛、月经期间小腹冷痛和闭经、慢性溃疡、脉象沉迟、血栓闭塞性脉管炎、雷诺氏症宜食用；肾虚、遗尿患者也适合食用。
2. 患有干燥综合征、更年期综合征、出血性疾病、痔疮的患者慎食；舌红无苔、内热较重、内火偏盛、阴虚火旺、平时大便燥结的人少食。
3. 受潮发霉的桂皮不宜再食用。

芝麻酱

纯芝麻酱越搅拌越干

芝麻酱是将芝麻烘烤、磨制，再加入香油调制而成的，是凉菜、涮羊肉、面食等食品的常用调料。根据芝麻材料的颜色不同，芝麻酱可以分为白芝麻酱和黑芝麻酱两种。白芝麻酱以食用为佳，如火锅麻酱的原料就是白芝麻；黑芝麻酱以滋补益气为佳。芝麻酱富含蛋白质、脂肪及多种维生素和矿物质，有很高的营养价值。其中，芝麻酱中的含钙量较多，经常食用有利于骨骼和牙齿的健康；芝麻酱的含铁量也较高，但由于芝麻酱不宜大量摄入，且芝麻酱属于植物性食物，其中的铁吸收率较低，所以其补铁作用并不像有些声称的那样好。

新鲜安全这样挑

1 **看颜色。**用纯白芝麻加工出的芝麻酱，呈淡黄色，用黄白芝麻加工出的芝麻酱，呈棕黄色。如果芝麻酱色发灰，说明质量不好。

2 **闻气味。**购买散装芝麻酱时应闻闻芝麻酱的气味。质量好的芝麻酱闻起来有一股浓厚的芝麻香味，如果在酱里闻到花生油或葵花籽油的味道，那就说明其中夹杂了大量的花生和葵花籽。

3 **尝味道。**商家允许时可尝几滴芝麻酱。质量好的芝麻酱入口后细腻油滑，有甜味感，还有微微的油酥感；如果有苦涩味，说明该芝麻酱质量不好。

4 **观形状。**质量好的芝麻酱，手感细腻，无颗粒状，用勺子舀一下，芝麻酱呈线状流下，并且含油多。如果手感酱体粗糙，用勺子舀时酱体呈块状落下，则质量不好。

5 **看包装**。购买瓶装或袋装产品时，要注意包装上的生产日期。生产时间不长的纯芝麻酱（20天以内）一般无香油析出，外观应呈棕黄或棕褐色，用筷子蘸取时黏性大，从瓶中向外倒时，酱体不易断开。

6 **看价格**。购买时可以根据芝麻的价格来选购芝麻酱，例如，购买时芝麻500克20元左右，500克芝麻出的芝麻酱不足500克，所以价格低于25元/500克的芝麻酱一般都不是纯的。

7 **看沉淀物**。纯芝麻酱的瓶底不易出现沉淀物，甚至放1年也只会有一层沉淀物；不纯的芝麻酱一般2~3个月就会出沉淀物，而且沉淀物很厚。

8 **试验**。如果想要检测买回家的芝麻酱是否是纯的，可以取少量芝麻酱放入碗中，加少量水用筷子搅拌，如果越搅拌越干，则为纯芝麻酱，否则不纯。

科学储存这样做

不论买回来的是散装的还是瓶装的芝麻酱，食用剩下的都要用玻璃瓶装起来，盖紧，放在通风处存放。芝麻酱开封后尽量在3个月内食用完，若放置过久，容易变硬。

1 调制芝麻酱时，先用小勺在瓶子里面搅几下，然后盛出加入冷水调制，不要用温水。

2 假芝麻酱闻起来有异味，且很容易长白霉。

3 重度肥胖的人应严格限制摄入量。

蚝油

稠度适中，无分层沉淀
现象的是优质蚝油

蚝油是用牡蛎熬制而成的调味料，是广东常用的传统鲜味调料，也是调味汁类最大宗产品之一，素有“海底牛奶”之称。蚝油含有丰富的微量元素和多种氨基酸，可以为人体补充各种氨基酸及微量元素；蚝油中还含有丰富的锌元素，是缺锌人士的首选膳食调料。蚝油中氨基酸的种类齐全，各种氨基酸的含量协调平衡。另外，蚝油还富含牛磺酸，可增强人体免疫力。

新鲜安全这样挑

1 **看色泽。**优质蚝油呈红褐色至棕褐色，鲜艳有光泽。

2 **看油的状态。**优质蚝油呈稀糊状、无杂质渣粒，长久放置无分层或淀粉析出沉淀现象。

3 **尝味道。**买回来的蚝油在使用前可以先尝一下味道，优质的蚝油味道鲜美醇厚而稍甜，无焦、苦、涩和腐败发酵等异味，入口有油样滑润感。

4　**看品质。**以远离污染源、现代化管理的生产基地提供的新鲜牡蛎熬制而成的为最好。

科学储存这样做

一般家庭购买的蚝油都是瓶装的，所以每次用过后盖紧盖就可以了。

1　蚝油不能入锅久煮，以免破坏营养，所以最好在菜八成熟的时候加入。

2　使用蚝油的同时注意减少盐、味精等其他调味品的摄入。

酱油

酱油最好不要生吃

酱油是由酱演变而来的，是中国汉族各大菜系中传统的调味品，其成分比较复杂，有食盐、糖类、氨基酸、有机酸、色素及香料等成分，它在烹饪时的主要作用是增加和改善菜肴的味道和色泽。酱油一般有生抽和老抽两种类型，其主要作用有所不同，生抽较咸且颜色较淡，主要用于提鲜；老抽味道较淡但颜色深，主要用于提色。

新鲜安全这样挑

1 **看标签**。购买时浏览一下酱油的原料表，看其原料是大豆还是脱脂大豆，是小麦还是麸麦，还要看清是酿造还是配制酱油。若是酿造酱油，还要看清是传统工艺酿造的高盐稀态酱油还是低盐固态发酵的速酿酱油。酿造酱油通过其氨基酸态氮的含量可分为4个等级，氨基酸态氮含量≥0.8克/100毫升为特级，≥0.4克/100毫升为三级，两者之间为一级或二级。

2 **看用途**。买酱油的时候一定要注意其用途，若酱油上标注的是供佐餐用，说明其卫生指标好，菌落指数小，可直接用；若标注说烹调用，千万别用于拌凉菜。

3 **看颜色**。检查完以上内容之后方可开始检查酱油质量。正常酱油的颜色是红褐色，颜色稍深一些的品质较好，但颜色太深了，说明其中添加了焦糖色，其香气和滋味相较会差一些，仅适合红烧用。

4　**闻气味**。购买时可贴着瓶口闻味道，好的酱油往往会有一股浓烈的酱香味，如果闻到煳味、酸臭味、异味都是不正常的。

5　**摇晃**。好的酱油液体澄清，无悬浮物及沉淀物。购买时可适当摇一下酱油瓶，好的酱油摇起来会起很多泡沫，而且不易散去，散去后液体依旧澄清，比较黏稠；劣质的酱油摇起来只有少量泡沫，且很快就会散去。另外，摇晃瓶子时也可顺便观察酱油沿瓶壁流下的速度，优质酱油黏稠度较大，浓度较高，因此流动稍慢，劣质酱油则相反。

6　**看包装**。市场上一般有瓶装和袋装两种包装，大家一般都倾向于买瓶装的，因为方便。如果要买袋装的，要注意市场中存在许多不合格的袋装酱油，是由水、糖色、工业用的原料勾兑成的，这种产品带有刺激性气味，并含有对人体有害的重金属等物质。

科学储存这样做

买回来的酱油在没有开盖时，要避免高温环境，可放在通风处或低温冷藏保存。正常存放可在保质期内保持其原有品质，冷藏保存可延长保存时间。开盖使用后的酱油不要放在高温（颜色易加深）、潮湿、不卫生的地方，建议置于冰箱冷藏室保存。

在服用优降宁等治疗心血管疾病及胃肠道疾病的药物时，不可与酱油同食，否则会引起恶心、呕吐等副作用。

腐乳

块型整齐，
咸淡适中的质量好

腐乳又名豆腐乳，也是我国独创的一种食品及调味品，其风味独特，质地细腻，营养丰富。腐乳通常可分青方、红方、白方三大类，青方有“臭豆腐”，红方有“大块”“红辣”“玫瑰”，白方有“桂花”“五香”。很多人在第一次吃腐乳时会接受不了它的味道，因为闻起来有一股臭味，但吃过一次之后就会喜欢上它的味道。腐乳看起来不起眼，但却是一款富含氨基酸的佐餐咸菜。

新鲜安全这样挑

从腐乳的颜色来看，上好的腐乳白色中透着黄色；闻起来有豆香味，无异味；看起来块型整齐、厚薄均匀，质地细腻；尝起来滋味鲜美，咸淡适口。此外，选择豆腐乳时，不要选刚出厂的，因为刚出厂的豆腐乳放得不够久，汁液和腐乳还没有产生足够的化学反应，看起来白白的，香气也没出来。所以挑选时，要买出厂至少3个月以上的，吃起来才下饭。

科学储存这样做

1 保存豆腐乳时一定不要让水分与之接触，用筷子等餐具取腐乳时要保持餐具干燥和干净，这样可以保持腐乳不发霉。剩下的腐乳要把盖拧紧，放在阴凉处保存。

2 如果豆腐乳放置一段时间后浸泡的液汁少了，口感不好了，可以向腐乳内倒入一些米酒，密封2~3天之后，腐乳不仅能变回原来的口感，而且会更美味。

1 臭腐乳不要吃太多。臭腐乳发酵后，容易被微生物污染，豆腐坯中的蛋白质氧化分解后产生含硫化合物，不宜一次摄入太多。

2 腐乳中的盐含量较高，高血压、心血管病、痛风、肾病患者及消化道溃疡患者应少吃，以免摄入过量盐分。

豆豉

乌黑发亮，
无异味的较好

豆豉是汉族特色发酵的豆制品调味料，其加工原料有黑豆和黄豆两种，所以豆豉分黄豆豆豉和黑豆豆豉两种。豆豉含丰富的蛋白质、脂肪、碳水化合物、矿物质和维生素，还含有人体所需的多种氨基酸。豆豉以其特有的香味增加人的食欲，促进吸收，不仅能调味，还能入药。中医学认为，豆豉有发汗解表、清热透疹、宽中除烦、宣郁解毒的功效，可以治疗感冒、头痛、胸闷烦呕、伤寒寒热及食物中毒等证。

新鲜安全这样挑

豆豉颜色以乌黑发亮为佳，颗粒要完整，质地松软，闻起来具有酱香，吃起来咸淡适口、滋味鲜美、无苦涩味或腐霉味。

科学储存这样做

将豆豉装入容器内，避光密封，放在室内通风处保存即可。有条件的话，还可以用加热的食用油浸泡豆豉，加盖密封保存。

1. 豆豉由黄豆经发酵制成，发酵过程使黄豆中的部分蛋白质转变为氨基酸，既增加了食物的美味，也使蛋白质变得更加容易吸收。
2. 发酵过程还产生了豆豉激酶，这种物质对延缓衰老、增强脑力、降低血压、预防心血管疾病都有一定益处。
3. 一般人均可食用豆豉，尤其适合血黏度偏高或血栓患者食用。

豆瓣酱

色泽红亮，
豆瓣完整的是好酱

豆瓣酱是各种微生物相互作用，产生复杂的化学反应酿造出来的一种发酵红褐色调味料，原始的原材料是蚕豆、曲、盐，后又根据消费者不同的习惯，在其中加入了味精、辣椒、香油等材料，也因此增加了豆瓣酱的种类。豆瓣酱中所含的营养也很丰富，有很好的食疗和药理作用。

新鲜安全这样挑

1 **看包装**。豆瓣酱最好买用瓶或小桶装好的，要看生产日期及生产厂家。有的豆瓣酱既可以蘸着生菜直接吃，也可在炒菜的时候用；有的豆瓣酱要在高温加热以后再吃。

2 **看色泽**。一定要选择色泽红亮的豆瓣酱。

3 **看外形**。观察豆瓣的外形，豆瓣外形完整为佳。

4 **闻味道**。豆瓣酱的味道一定要醇香，不能有酸味或霉味。

科学储存这样做

如果是经常吃的豆瓣酱，不需要刻意保存，最好是用瓶装，食用后盖好即可。注意在用的时候最好用干燥的勺子或筷子，不要见水。如果不经常食用，则可以放在冰箱冷藏室，可保存较久时间。

1. 豆瓣酱有很好的调味作用，能开胃健脾、消食去腻。
2. 高血压患者、肾病患者要少吃豆瓣酱。蚕豆病患者食用豆瓣酱有可能引起溶血反应。

料酒

注意料酒中酒精的含量

料酒是专门用于烹饪的酒，主要成分有酒精、糖、有机酸类、氨基酸、酯类、醛类、杂醇油及浸出物等，它所富含的人体需要的8种氨基酸在被加热时，可以产生很多果香花香和烤面包的味道，所以料酒可以增加食物的香味、去腥气。料酒主要适用于鱼、肉、虾、蟹等荤菜的烹调，炒素菜时一般没有必要加料酒。

新鲜安全这样挑

1 **看标签**。购买料酒时，首先要留意一下标签上标注的原料。按照现在调料酒行业的标准，用原酿黄酒和食用酒精为主体制成的料酒都符合标准规定。有一些企业为了降低成本，会用一部分食用酒精代替黄酒，或者完全用酒精和水配制，这样的料酒在标签原料栏里会有“食用酒精”的字样。当然，酒精配制成的料酒品质和原酿料酒是无法相比的。

2　**看酒精度**。料酒是通过酒精加热蒸发带走膻腥味的，所以酒精的度数是非常重要的。料酒的酒精度应该在10°~15°，有些料酒的酒精度很低，不仅对烧菜没效果，而且还容易变质。一些厂家会在料酒中加入较多的添加剂，吃下去可能会危害健康。另外，酒精度数太高也会影响菜的味道。

3　**看品牌**。料酒的原料是黄酒，原汁黄酒陈酿需要酒窖，这就需要投资巨大的资金成本和仓储成本，时间跨度很长，一般小企业根本无力承担。而酒精配置型的料酒只要准备勾兑原料，几分钟就可以完成。所以还是要选择大企业大品牌的料酒比较可靠安全。

4　**看种类**。料酒也随着发展出现了很多细分产品，如“五香料酒”“葱姜料酒”“海鲜料酒”等标签，购买的时候可以根据菜系选择不同料酒。

科学储存这样做

因为料酒的酒精度数低，容易招致细菌，引起变质，所以在开启后不能长期保存，而且如果将敞开的料酒放在了灶台等高温环境下，料酒就会产生酸味，变得浑浊不清。料酒最好尽快使用完，若不能快速用完，要将其放在低温、通风、干燥的环境中保存。

在烹调菜肴时不要放太多料酒，以免料酒味道太重而影响菜肴本身的味道。